番茄晚疫病危害枝蔓症状

番茄早疫病病果

番茄叶霉病病叶

番茄早疫病病叶

番茄叶霉病严重时导致植株叶片枯死

番茄灰霉病危害果实多从果柄
端开始，由病残花萼导致发病

番茄灰霉病危害近成熟果实症状

番茄灰霉病病叶

番茄灰霉病残花受害表现

番茄灰霉病危害花蕾症状

番茄病毒病蕨叶型表现

番茄病毒病花叶型表现

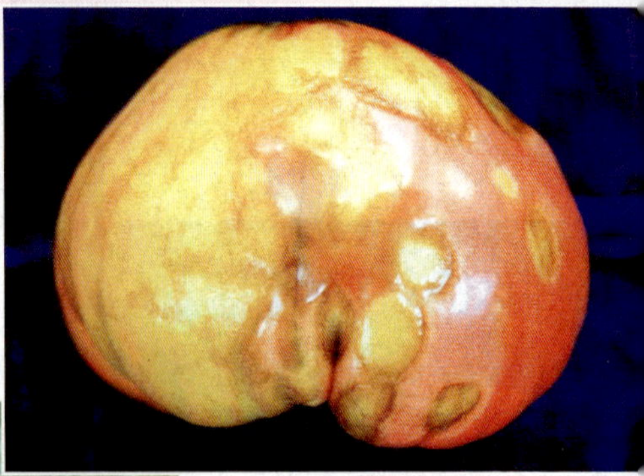

番茄病毒病病果

温室白粉虱成虫

美洲斑潜蝇为害
番茄叶片状

美洲斑潜蝇成虫

科技兴农富民培训教材

棚室番茄高效栽培教材

编著者

王金春　王江柱　周宏宇

金　盾　出　版　社

内 容 提 要

为了贯彻党中央关于加强农民技术培训的指示精神，帮助农民更好地依靠科技致富奔小康，金盾出版社与河北农业大学科技兴农培训中心共同策划，选择农民致富最常见的农业技术项目，约请热心农技推广的专家、教授编写，出版了这套“科技兴农富民培训教材”，共20分册。该套教材从现阶段农村技术需求和农民的文化技术基础出发，较好地体现了农村短期技术培训的特点和金盾版农业图书通俗、实用、价廉的特色。这套教材的出版，得到了河北省扶贫开发办公室和联合国教科文组织国际农村教育研究与培训中心的热情支持。

本书是这套培训教材的一个分册，内容包括：棚室适用类型及布局、育苗床的种类与选择、番茄的类型和主要品种、塑料薄膜大棚番茄栽培技术、日光温室番茄栽培技术、棚室番茄主要病虫害无公害防治技术，以及有机肥料无害化卫生标准。本书语言简炼，通俗易懂，介绍的技术先进、实用，适合作科技下乡培训教材和农民自学读本。

图书在版编目(CIP)数据

棚室番茄高效栽培教材/王金春等编著．—北京：金盾出版社，2005.4

科技兴农富民培训教材

ISBN 978-7-5082-3491-5

Ⅰ．棚…　Ⅱ．王…　Ⅲ．番茄-温室栽培-技术培训-教材
Ⅳ．S626

中国版本图书馆 CIP 数据核字(2005)第004859号

金盾出版社出版、总发行

北京太平路5号(地铁万寿路站往南)

邮政编码：100036　电话：68214039　83219215

传真：68276683　网址：www.jdcbs.cn

彩色印刷：北京精美彩印有限公司

黑白印刷：北京军迪印刷有限责任公司

装订：海波装订厂

各地新华书店经销

开本：787×1092 1/32　印张：3.625　彩页：4　字数：76千字

2012年4月第1版第5次印刷

印数：40 001～45 000册　定价：6.00元

致 辞

世界二分之一以上的人口以及三分之二以上的贫困人口生活在农村地区。中国是世界上农业人口最多的国家，据2000年11月1日普查，乡村人口占63.91%。中国政府始终把农民脱贫致富看作是关系到国民经济能否持续、稳定发展的大问题。

近几十年来，中国农村中小学教育的发展，使农村劳动力的受教育水平有了显著的提高，但与城市居民相比，中国农民受教育程度总体上还不高，科学文化素质较低。随着农业经济的发展，农民迫切希望获得有关经济作物种植技术、农产品加工、家畜饲养等多方面的科技知识。而那些渴望摆脱贫困走向富裕的农民，更是急切地企盼通过便捷的学习新科学技术的途径，迅速发家致富。但他们缺乏与农业技术推广部门的沟通，也很少有机会得到专项培训和与公共服务部门的接触。

当前中国农业推广事业的发展，还没能使技术在农民增收中发挥最大作用，"科技兴农富民培训教材"系列图书的出版，为农民培训提供了丰富而可供选择的教材，使广大农民能够从中学到既先进又实用的新知识、新技术、新信息，这是一件提高农民素质，引导农民科学经营农业，不断增加收入的基础性、公益性益举。

国际农村教育研究与培训中心是中国政府和联合国教科文组织合作建立在中国的国际教育机构。自1994年成立以来，始终致力于农村教育思想、方法、技术的国际研究与传播，促进教科文各会员国之间对农村地区人力资源开发政策和战略的磋商与合作。河北农业大学科教兴农中心一直是我们密切合作的伙伴。他们情系农民、农村，心系农业创新与发展，始终如一。现在他们组织的“科技兴农富民培训教材”出版了，可喜可贺。愿该系列图书不仅给中国也给其他可适用国家和地区的农民带来切实的经济效益。

联合国教科文组织

国际农村教育研究与培训中心

2004年12月30日

序

当前，我国已经进入建设全面小康社会和加快推进社会主义现代化建设新的历史时期。解决好“三农”问题，直接关系经济社会的持续、快速、健康发展。党中央、国务院高度重视“三农”工作，把解决好“三农”问题作为全党和全部工作的重中之重，制定了一系列惠农政策，实行城乡统筹，加大对“三农”的投入力度。

农民增收是“三农”问题的核心。增加农民收入，必须大力拓宽农民就业渠道，加快农民向非农产业转移步伐，逐步减少农民数量。加强农民培训，使广大农民尽快掌握科技文化知识和生产技能，提高农民素质，是扩大农民就业、实现农民增收的重要途径。当前，科技发展日新月异，科技进步对推动经济社会发展的作用日趋突出。增强农业农村经济市场竞争力，推进农村小康建设，必须加大农业科技推广力度，促进科技进村入户，提高农民运用科技增收致富的本领。

河北省扶贫开发办公室和河北农业大学联合组织编写的这套《科技兴农富民培训教材》系列丛书，以培训农民为对象，以种植业、养殖业致富实用技术为重点，通俗易懂，简便易行，针对性、实用性、可操作性都很强，是农民脱贫致富的金钥匙。丛书的出版发行，对我省农业、农村经济发展必将起到有力的推动作用。

预祝“丛书”的出版发行取得圆满成功。

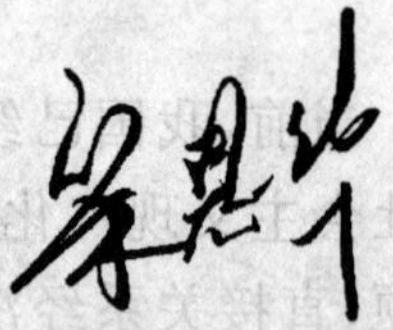

2005 年 3 月 16 日

注：宋恩华同志现任河北省人民政府副省长

通讯地址：河北省保定市河北农业大学科教兴农中心
邮政编码：071001
咨询电话：0312—7521224

目　录

第一章　棚室适用类型及布局

一、塑料薄膜大棚适用类型

塑料薄膜大棚是番茄栽培中面积较大的保护设施，形式多种多样。以下介绍几种结构简单、容易建造、投资较少、便于管理、适宜广大农民使用的大棚。

（一）竹木结构大棚

1. **结构**　大棚宽 12～14 米，南北长 30～40 米，大棚中部高 2.5～2.7 米，占地面积 360～560 平方米。使用直径 5 厘米左右的竹竿作拱杆，拱杆间距 1 米，每道拱杆下设 6 根立柱，中部 2 根立柱高 2.5～2.7 米，侧中立柱高 2～2.1 米，边立柱高 1～1.2 米，立柱选用直径 5～6 厘米的竹竿或木杆。大棚薄膜采用二块膜或三块膜覆盖法，若二块膜覆盖（适宜较低矮的大棚），在大棚顶中间二块膜重叠 30～40 厘米；若三块膜覆盖（适宜中部较高的大棚），在大棚东西两侧下部分别固定 1 米高的围膜，大棚上部用一块大薄膜，东西两边分别与围膜上边重叠 30～40 厘米。塑料薄膜重叠处作为以后扒缝通风处。在棚膜上，拱杆之间压上压膜线，东西两端固定在预设的地锚上，见图 1-1。

2. **特点与应用**　它虽然是比较老的一种大棚结构，但容易建造，对建棚材料的质量要求不太严格，投资较少，又比较牢固，适宜经济条件薄弱的地区选用。缺点是棚内立柱多，不便于农事操作。这种大棚主要用于茄果类和瓜类蔬菜的早春

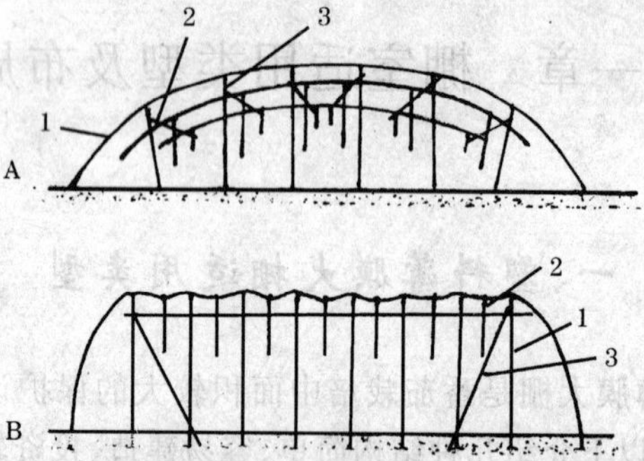

图 1-1　竹木结构大棚

A. 大棚横断面：1. 拱杆　2. 拉杆　3. 立柱

B. 大棚纵断面：1. 立柱　2. 压膜线　3. 加固杆

早熟栽培和秋延后栽培，近几年来开始利用这种棚架，采用覆盖遮阳网（棚顶原薄膜不揭）的形式进行越夏防雨遮荫降温，栽培各种蔬菜。

（二）悬梁吊柱大棚

1. **结构**　生产上为克服竹木结构大棚内立柱多，不便于田间农事操作，而且遮荫多等缺点，发展应用悬梁吊柱大棚。竹木悬梁吊柱大棚，棚内南北隔 1 排立柱减少 1 排立柱，在拉杆上加设小吊柱支撑拱杆；用钢筋混凝土作立柱的大棚，用旧钢丝绳或较粗的竹竿、木杆作拉杆，棚内南北 2 排立柱的间距进一步加大，2 排立柱之间加设 2～3 个小吊柱，见图 1-2、图 1-3。

这种大棚的长、宽、高，大棚薄膜覆盖方式，压膜线的设置等，都与竹木结构大棚相似。

2. **特点与应用**　此棚内立柱减少，便于田间农事操作，便于棚内进行多层防寒覆盖，早春定植期可适当提前，采收始

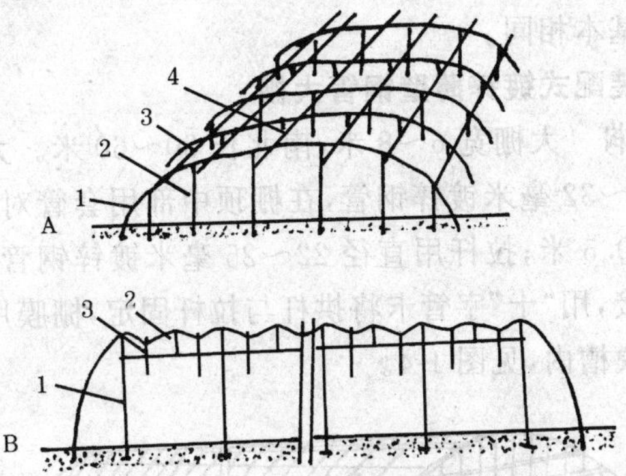

图 1-2　竹木悬梁吊柱大棚

A. 大棚骨架：1. 拱杆　2. 立柱　3. 拉杆　4. 小吊柱

B. 大棚纵断面：1. 立柱　2. 小吊柱　3. 压膜线

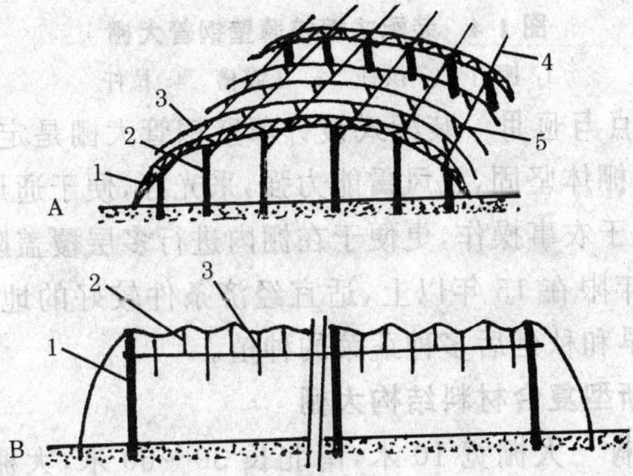

图 1-3　钢筋竹木悬梁吊柱大棚

A. 大棚骨架：1. 钢筋拱梁　2. 水泥立柱　3. 竹木拱杆　4. 拉杆　5. 小吊柱

B. 大棚纵断面：1. 水泥立柱　2. 小吊柱　3. 压膜线

期相应提早。但对建棚材料要求严格，如果拉杆强度不够大，小吊柱不稳固，棚架在风、雪、雨的作用下，容易变形，排水不畅，甚者导致棚架倒塌。这种大棚在蔬菜生产上的应用与竹木结构大棚基本相同。

（三）装配式镀锌薄壁钢管大棚

1. **结构** 大棚宽6～8米，南北长30～60米。大棚拱杆用直径25～32毫米镀锌钢管，在棚顶中部用套管对接而成，拱杆间距0.5米；拉杆用直径22～25毫米镀锌钢管，采取拉杆插销连接，用“十”字管卡将拱杆与拉杆固定，棚膜用卡膜簧固定在压膜槽内，见图1-4。

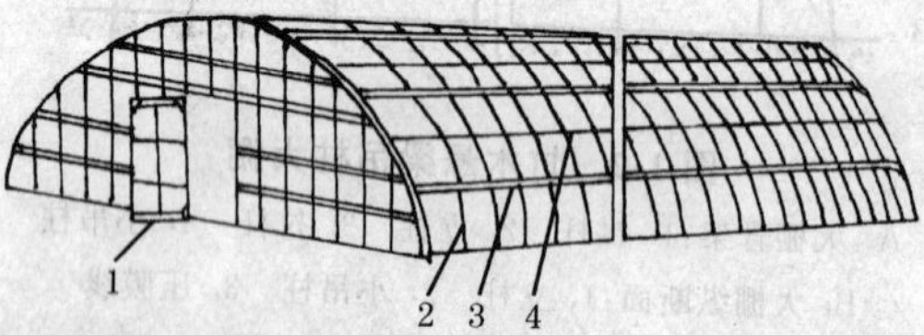

图1-4 装配式镀锌薄壁钢管大棚

1. 棚门 2. 拱杆 3. 压膜槽 4. 拉杆

2. **特点与应用** 装配式镀锌薄壁钢管大棚是定型产品，结构合理，棚体坚固，抗风雪能力强，采光好，便于通风。棚内无立柱，便于农事操作，更便于在棚内进行多层覆盖防寒。大棚的使用年限在15年以上，适宜经济条件较好的地区应用。适宜春提早和秋延后多种蔬菜的种植。

（四）新型复合材料结构大棚

1. **结构** 大棚宽10米，南北长30～60米，大棚中部高2.3米，拱杆间距1米，纵向用竹竿作拉杆，将各拱杆连为整体。棚内无立柱。棚膜覆盖、固定方式与其他大棚相同，见图1-5。

2. **特点与应用** 这种大棚拱杆用玻璃纤维和直径6～6.5毫米的钢筋作为加强材料，用硫铝酸盐型早强（增强）水

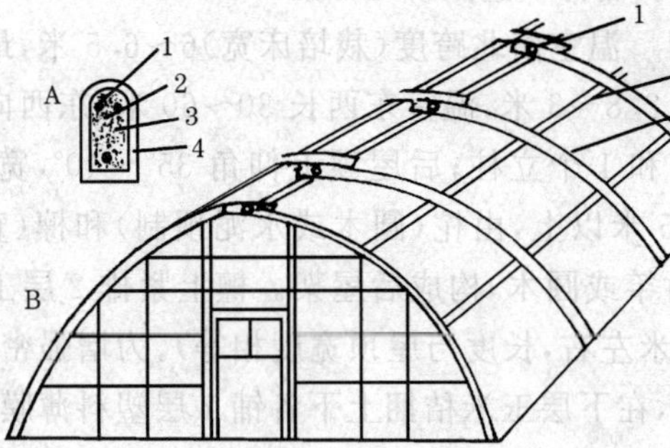

图 1-5　新型复合材料结构大棚

A. 拱杆断面(高 8.5 厘米，宽 4 厘米)

1. 钢筋　2. 玻璃纤维　3. 增强水泥　4. 107 胶与素水泥调浆涂层

B. 大棚骨架结构

1. 大棚拱杆中部搭接　2. 拉杆　3. 拱杆

泥作为基材。为避免玻璃纤维飞散，成型后在表面用 107 胶和素水泥调成的浆进行涂盖。这种棚架节省钢材，使用寿命长达 35 年，具有原材料充足、成本低、寿命长等优点。缺点是骨架重(单根骨架 48 千克)，搬运不方便。比较适宜风大的地区选用。棚内无立柱，便于农事操作，便于在棚内进行多层防寒覆盖。在蔬菜生产上的应用与装配式镀锌薄壁钢管大棚相同。

二、塑料薄膜日光温室适用类型

塑料薄膜日光温室在我国北方各地普遍用于早春、晚秋和冬季蔬菜生产，尤其近几年来发展迅速。以下根据华北气候特点以及目前农民的经济状况，介绍几种容易建造、投资较少、性能较好、适合广大农户应用的日光温室。

（一）矮后墙竹木拱圆日光温室

1. **结构** 温室南北跨度（栽培床宽）6～6.5 米，最高处膜面到地面为 2.8～3 米，温室东西长 30～60 米，东西向每 3 米设置 1 个柁和 1 个立柱；后屋顶上仰角 35°～40°，宽 2～2.5 米，厚度 0.5 米以上，由柁（圆木或水泥预制）和檩（直径 8～10 厘米的竹竿或圆木）构成后屋架。檩上紧排 2 层玉米秸捆（直径 25 厘米左右，长度与屋顶宽度相等）。为增强密闭性，提高保温能力，在下层玉米秸捆上下各铺 1 层塑料薄膜（可用旧薄膜），第二层玉米秸捆上用麦秸找平后，抹 2 遍麦秸泥。后墙为土打墙或麦秸泥垛墙，高 1 米左右，厚度 1.2～2 米。采光窗为拱圆形，分为上、中、下 3 部分，与水平面夹角分别为 10°～15°、30°～35°、80°以上，由立柱、拉杆和拱杆 3 部分构成。拱杆用 5～7 厘米宽的竹片构成，拱杆间距 0.5～0.6 米。拱杆上覆盖 2～3 幅塑料薄膜，两幅膜搭接处重叠 0.3～0.4 米，作为扒缝通风处。薄膜上面每间隔 2 道拱杆压 1 道压膜线固定棚膜。采光窗外底脚处设置防寒沟，宽 0.4～0.6 米，深 0.6～0.8 米，沟内填充干燥且保温性能好的材料，如干草、干树叶、干麦秸或玉米秸等，上部压土 10～15 厘米（图 1-6）。

2. **性能特点与应用** 采光窗夹角大，冬、春季采光良好。后屋顶上仰角的角度大，厚实，密闭性强。墙体厚，再加上夜间多层保温覆盖（草苫加纸被或草苫加一层薄膜），具有良好的保温性能，在外界最低气温降至－10℃～－15℃时，室内温度仍能保持 10℃以上。所以在冬季天气正常的情况下，不加温就能栽培喜温蔬菜和培育各种蔬菜秧苗。因室内设有多排立柱，不便在室内设置活动幕及农事操作。

3. **建造时注意事项** 选择背风向阳、地势高、便于排灌水的地块建造日光温室。土层深厚，不能少于 1 米；土质以壤

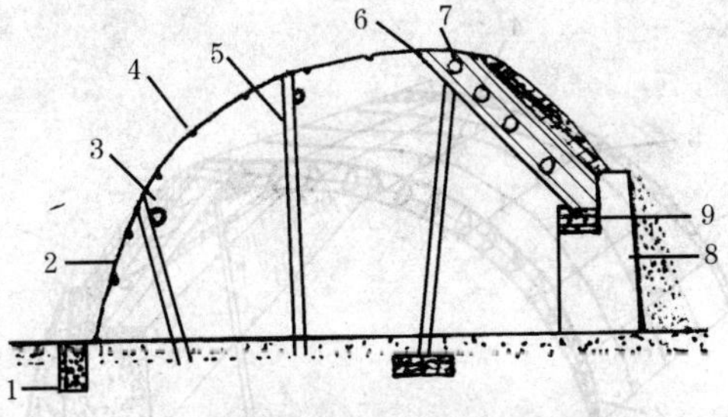

图 1-6　矮后墙竹木拱圆日光温室

1. 防寒沟　2. 拱杆　3. 拉杆　4. 拉丝（8# 铅丝）
5. 立柱　6. 柁　7. 檩　8. 后墙　9. 砖垛

土、黏壤土为宜。要在雨季过后尽早建造，确保当地土壤上冻前墙体干透。否则，保温性能降低，而且墙体一冻一化容易倒塌。要严格按照设计规格建造，不要为省工和节省材料而给以后蔬菜生产带来不可弥补的损失。尤其是越冬生产喜温性果菜的日光温室，为增强保温性能，可以将栽培床面降低到地平面以下 30～40 厘米。

（二）矮后墙竹木钢筋拱圆日光温室

1. 结构　日光温室的跨度、矢高、长度、防寒沟、后屋顶及后墙的用料、规格等，都与矮后墙竹木拱圆日光温室相同。不同的是，在前拱架中，每 3 米设置 1 个加强钢筋三角拱梁，去掉栽培床上的 2 排立柱。为保护薄膜，钢筋拱梁上也要绑扎竹片，防止钢筋损坏棚膜。在拱梁上设置 6～7 道拉丝（8# 铅丝），在拉丝上按 50 厘米间距固定拱杆。固定拱杆时，在拉丝上垫一段木棒（直径 3 厘米左右，长 5～7 厘米），使竹拱杆离开拉丝 5～6 厘米，以便用压膜线压紧薄膜。室内只设后柱支撑柁（图 1-7）。

2. 性能特点与应用　这种结构的日光温室坚固耐用，拱

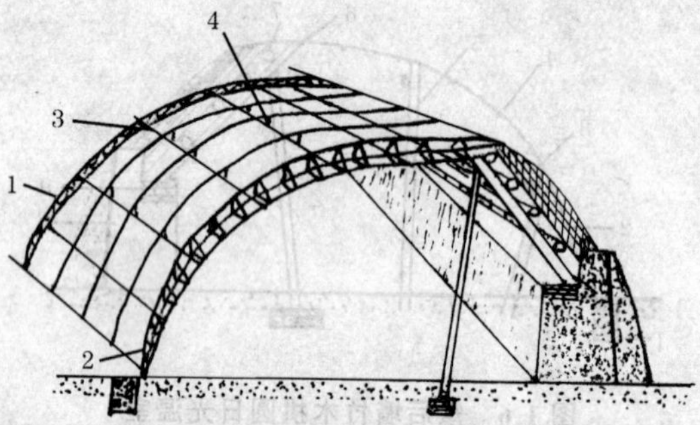

图 1-7　矮后墙竹木钢筋拱圆日光温室

1. 钢筋片拱梁　2. 钢筋三角拱梁　3. 拉丝($8^{\#}$铅丝)　4. 撑棍

架不易变形。由于栽培床上无立柱，便于室内进行多层覆盖，增强了保温性能，便于田间耕作和农事操作，是目前日光温室中比较理想的类型。应用上基本和矮后墙竹木拱圆日光温室相同。

3. **建造时注意事项**　建造这种日光温室关键是把拉丝拉紧，而且各道拉丝松紧要一致，这样才能使整个前拱架坚固、整齐、耐用。在日光温室东西山墙处设置固定拉丝的地锚时，要距山墙根 1.5 米以上，使其有一定的斜度，才能拉紧拉丝。其他方面参照矮后墙竹木拱圆日光温室建造。

(三)高后墙拱圆日光温室

将前 2 种日光温室的后墙提高到 2～2.7 米，使后屋顶宽度缩小到 1.2～1.5 米，可以大大减少建造后屋顶的用料，而且建造后屋顶骨架所用材料的规格、质量都可放宽。其他方面可参照前 2 种日光温室建造。此种日光温室较适宜低纬度地区使用。

（四）微拱琴弦式日光温室

1．**结构**　温室内南北跨度7～7.5米，室内最高处3～3.5米，温室东西长50～80米；后屋顶宽1.2～1.5米，上仰角40°～45°。后墙为土打墙或为拖拉机压墙，后墙高2～2.7米，墙体厚度基部为2～3米，上部为1米左右。采光窗面为一坡一立微拱形，上窗面与水平面夹角22°以上，东西向每3米设1个支撑架，在支撑架上按0.4～0.5米间距东西向拉8#铅丝，固定于东西山墙外的地锚上。在拉丝上，南北向每0.6米设1道细竹竿（直径5～6厘米）作托膜架杆，上面覆盖塑料薄膜，用压膜线固定棚膜。夜间膜上覆盖保温材料的种类与方法以及防寒沟的设置等均与矮后墙竹木拱圆日光温室相同（图1-8）。

2．**性能特点与应用**　与以上几种日光温室相比较，微拱琴弦式日光温室跨度加大，后屋顶宽度减小，采光较好，但夜间保温能力有所减弱。如果进行越冬栽培喜温性果类蔬菜，必须加强防寒保温覆盖，适当降低栽培床面（栽培床面低于地平面30～50厘米），见图1-8。否则，夜间最低温度偏低，不利于喜温果类蔬菜安全越冬。但又不能降低过多，目前有许多日光温室降低到地平面以下80多厘米，因排湿性差而导致春、秋病害发生较重。

3．**建造时注意事项**　支撑架要牢固，各支撑架高度一致，拉丝要拉紧，而且每根拉丝的松紧度要一致，确保采光窗面整齐一致，便于排水。其他方面参照矮后墙竹木拱圆日光温室进行处理。

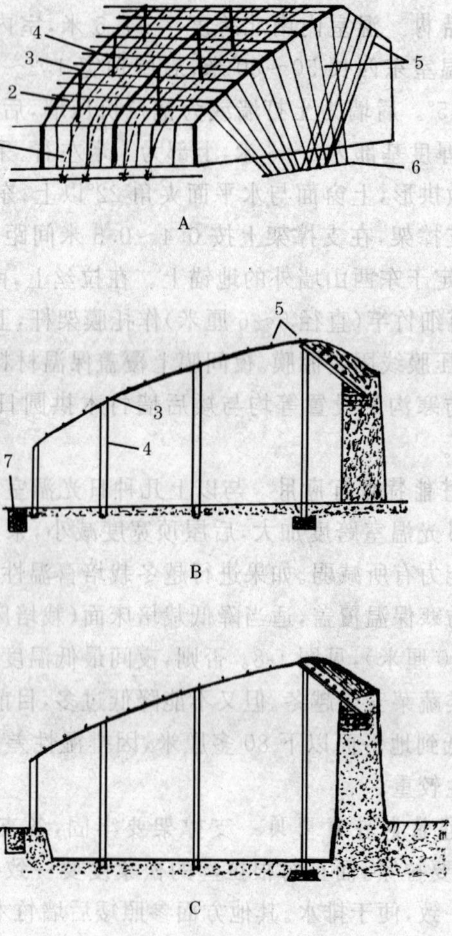

图 1-8　微拱琴弦式日光温室

A. 外观　B. 横断面　C. 床面降低后的横断面

1. 压膜线　2. 拱杆　3. 支撑架

4. 立柱　5. 拉丝($8^{\#}$铅丝)　6. 地锚　7. 防寒沟

三、棚室选址与田间布局

(一)棚室选址

塑料薄膜大棚一般可使用3年以上,日光温室要用10年以上,为了避免给以后蔬菜生产带来不良影响,在选择棚室地址时,必须充分考察下列问题:①避开污染源,包括污水沟渠,排出污水、有害气体、烟雾和灰尘等的工厂企业。②近电源(须避开高压线路),近水源,而且水质符合生产无公害蔬菜的要求。③选择地势高、地下水位较低处,或地势平坦、南北开阔处,注意东、西、南3面要无高大遮阳建筑物。④交通方便,便于运输生产资料和蔬菜产品。⑤土层深厚,土质以壤土或黏壤土为好。

(二)棚室田间布局

1. 日光温室群的布局 一般蔬菜生产日光温室群,主要把道路、灌排水沟渠和南北2排日光温室之间的间距安排好。

(1)东西2排日光温室间距 要设置3～4米宽的道路,供小型车辆通行,同时在道路两侧设置灌排水道。

(2)东西多排日光温室间距 东西方向建造多排日光温室时,每隔4～5排日光温室设置1条5～6米宽的道路;南北方向每隔10排日光温室设置1条5～6米宽的道路,以便大型车辆通行。

(3)南北2排日光温室合理采光间距 是日光温室卷起草苫后最高高度的2～2.4倍(从放置草苫的中心位置计算距离)。

2. 塑料薄膜大棚群的布局 一般蔬菜生产棚群,主要是把道路、灌排水沟渠和大棚间距设置好。

(1)南北2个棚之间的间距　塑料薄膜大棚一般均为南北延伸，棚脊高2.5～2.8米。主要在春、秋期间生产蔬菜，从采光角度考虑，以间距3.5～4米为宜，作道路使用，在道路两侧设置灌排水道。

(2)东西2个棚之间的间距　从通风、采光和排水角度考虑，一般为2米，如果在多雪地区还应适当加大间距，在棚两侧设置排水沟。

(3)主干道间距设置　东西方向间隔10排大棚、南北方向间隔5～10排大棚设置1条5～6米宽的主干道，供大型车辆通行。

(4)南北多排大棚交错排列　可避免形成风道，有利于提高大棚抗风能力。

思考题

1. 各种大棚的优缺点是什么？与蔬菜栽培有何关系？你认为哪种棚好，为什么？

2. 各种日光温室的优缺点是什么？与蔬菜栽培有何关系？你认为哪种日光温室好，为什么？

3. 日光温室采光性能好坏，与哪些方面有关系？要增强日光温室保温性能，应该从哪些方面着手？

4. 如何简便地确定2排日光温室南北之间的合理间距？

第二章　育苗床的种类与选择

一、电热温床

(一)性能特点

电热温床适宜在寒冷的冬季培育各种喜温蔬菜(西瓜、黄瓜、番茄、茄子、辣椒等)的幼苗。其优点是,可以根据蔬菜幼苗的生长要求,设置适宜的育苗床土壤温度,不受冬季恶劣天气的影响。可以避免因床土温度低、湿度大而造成的苗期猝倒病,从而使蔬菜育苗更有保障,而且育苗投资并不高于一般煤炉加温育苗。所以,有条件的地区可尽量应用电热温床进行育苗。

(二)主要设备材料

1. **电热线**　在一般情况下,蔬菜幼苗生长适宜土壤温度为20℃～30℃。试验表明,育苗床每平方米电热线功率100瓦时,苗床土壤温度可达22℃～24℃,120瓦时可达30℃左右。因此,培育喜温性蔬菜秧苗,每平方米使用功率为100～120瓦的电热线就能满足要求。生产实际中要根据育苗数量选用适宜的电热线型号,见表2-1。

2. **自动控温仪**　与电热线配套应用,可依据蔬菜幼苗不同生长时期对温度的要求,对床土温度进行控制。育苗床土温度高于设置温度时,自动控温仪自动断电,床土温度停止升高;当育苗床土温度低于设置温度时,自动控温仪又自动供电升温。自动控温仪在我国各地均能买到,一台自动控温仪可直接负载 1 000 瓦的电热线 2 根。如果总功率超过 2 000 瓦,可配备相应的继电器(交流接触器)。

表 2-1 上海产电热线型号

型 号	电压(伏)	电流(安)	功率(瓦)	长度(米)	色标	使用温度(C)
DV20410	220	2	400	100	黑	≤45
DV20406	220	2	400	60	棕	≤40
DV20608	220	3	600	80	蓝	≤40
DV20810	220	4	800	100	黄	≤40
DV21012	220	5	1000	120	绿	≤40

3. **电热温床建造**

(1)挖床基　床宽 1～1.5 米,床长根据需要而定。在日光温室内,或改良阳畦内,或盖苫棚内,选择光照好的位置,按预定苗床大小下挖 15～20 厘米,整平床底。为节省用电,在床底铺 5～7 厘米厚的干麦糠或干麦秸等导热性差的材料,上铺一层塑料薄膜防水下渗,构成隔热层,减少热量向下传导。在塑料薄膜上铺盖 2 厘米厚的细土,而后铺设电热线。

(2)铺设电热线

①功率密度的确定:功率密度即每平方米苗床上的功率(瓦/米^2)。在日光温室内设置电热温床,培育喜温蔬菜秧苗,一般采用 90～120 瓦/米^2 的功率密度。在功率密度范围内,如果配用自动控温仪,功率密度可选得高些;如果不使用自动控温仪,直接接双刀闸,功率密度应选低些,可减少开合电闸的次数。

②总功率:功率密度确定后,功率密度与苗床总面积相乘

的积，即为总功率。

$$总功率(瓦)=功率密度(瓦/米^2)\times苗床总面积(米^2)$$

③所需电热线根数：总功率除以单根电热线的功率的商，即为所需电热线根数（出现小数时，向上入成整数）。

$$所需电热线根数=\frac{总功率(瓦)}{单根电热线功率(瓦)}$$

④单根电热线往返道数：根据每根电热线的长度、苗床长度和单根电热线应占苗床宽度，求出单根电热线在苗床上的往返道数。

$$\begin{matrix}单根电热线\\占苗床宽(米)\end{matrix}=\frac{苗床宽(米)}{一个苗床用电热线根数(根)}$$

$$\begin{matrix}单根电热线\\往返道数(次)\end{matrix}=\frac{\begin{matrix}单根电热\\线长(米)\end{matrix}-\begin{matrix}单根电热线占\\苗床宽(米)\end{matrix}}{苗床长度(米)}$$

⑤布线平均间距：单根电热线所占苗床宽与电热线往返道数减1之比为布线平均间距。

$$布线平均间距(厘米)=\frac{单根电热线占苗床宽(厘米)}{单根电热线往返道数-1}$$

⑥铺线方法：根据布线平均间距，在苗床纵向的两端插上小木橛，上部露出床面5厘米。因为苗床周围向外传热快，苗床四周温度低于苗床中部温度，苗床两侧木橛间距应适当缩小，苗床中部木橛间距应扩大一点，以使苗床温度趋向一致。铺电热线最好3个人操作，其中2个人各在苗床的一端，将电热线拉直并逐道挂在木橛上，1个人往返传递电热线。首先从苗床的一角开始，将电热线固定在第一根木橛上，使导线与电热线接头处埋在苗床土内，不能将接头露在外边。传递电热线者拿好整盘电热线，递给两端挂线者，依次挂在两端的木橛

上。电热线要拉直、拉平，线两端应调整到苗床的同一端。铺好后通电检验，电路畅通马上断电，在电热线上盖1层细炉灰或沙土，作为起苗时保护电热线的标记，也便于用后起出电热线。护线层上再根据育苗需要铺营养土，需分苗的，铺6～8厘米营养土；需在苗床上播种育成苗的，铺10～12厘米营养土；在苗床上放置营养钵育苗时，铺2～3厘米营养土。

⑦控温装置的安装：温床面积在16平方米以下，总功率不足2 000瓦的，安装1个10安培的双刀闸。再配备1个插座，作为自动控温仪的工作电源。双刀闸引出的火线与控温仪输入连接，输出与电热线一端的导线连接，电热线另一端与双刀闸零线连接。在一台控温仪上接2根电热线时要并联，不能串联。最后将控温仪引出的感温棒（感温探头）插到苗床土内，深5厘米左右，见图2-1。

如果育苗床面积大，电热线用量大，必须采用多线接法，电热线的电源只有通过CJ10-40交流接触器，控温仪才能正常工作，见图2-2。控温装置的安装要在电工的指导下进行，以确保安全。

二、酿热温床

（一）性能特点

成本低，容易建造，在寒冷的冬季育苗时，能够保持较高的床土温度，使种苗较快地出土和正常生长。适宜在无条件建造电热温床，但具有较多酿热材料的地区应用。酿热温床床温不容易控制，容易出现温度上升慢（酿热物踩得过实、透气不足或水分过多所致），或温度上升快且高，但持续时间短（酿热物过于疏松）的情况。所以，要不断总结经验，做好各个环节的工作，主要是控制好酿热物的碳氮比、含水量和填充紧实度。

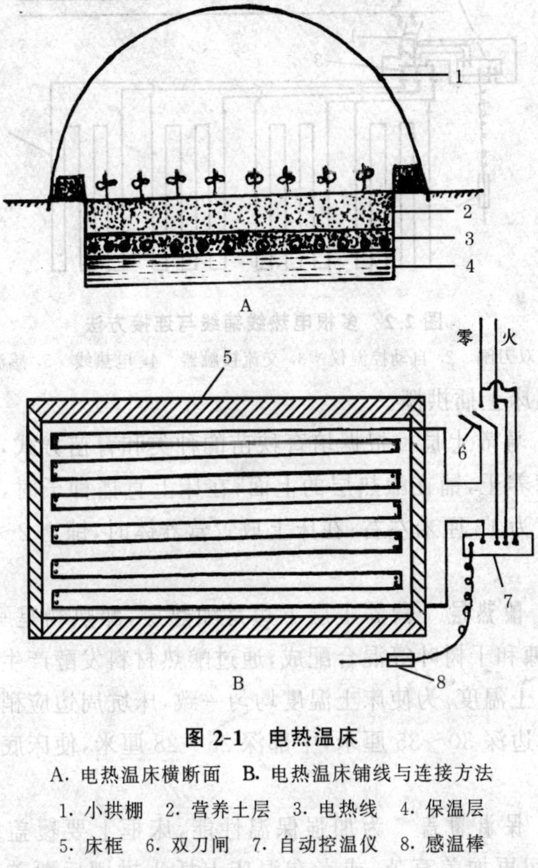

图 2-1 电热温床

A. 电热温床横断面 B. 电热温床铺线与连接方法

1. 小拱棚 2. 营养土层 3. 电热线 4. 保温层

5. 床框 6. 双刀闸 7. 自动控温仪 8. 感温棒

(二)结构及构成

主要包括床框、营养土层、酿热层和保温覆盖 4 部分。

1. 床框 在日光温室或大棚内建造酿热温床，温床四周用潮土培制土框，温床北框高 20～25 厘米，南框高 10～15 厘米，土框厚 20～25 厘米。也可以在温床的四周培制矮土埂，然

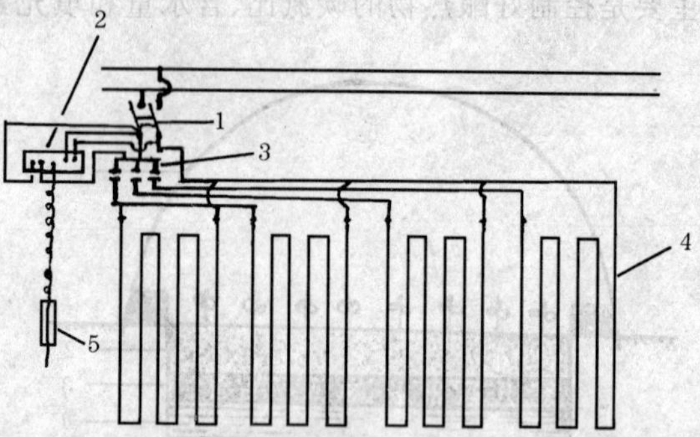

图 2-2　多根电热线铺线与连接方法

1. 双刀闸　2. 自动控温仪　3. 交流接触器　4. 电热线　5. 感温棒

后在温床上插拱棚。

2. **营养土层**　根据培育秧苗的种类和育苗方式，配制相应的营养土，铺在酿热层的上面，在床上直播种子时，铺营养土厚度为 15 厘米左右；在床上放置营养钵时，铺土 2～3 厘米即可。

3. **酿热层**　营养土层下边是酿热层，酿热物是马粪、秸秆、麦糠和干树叶等混合配成，通过酿热材料发酵产生的热量提高床土温度。为使床土温度均匀一致，床坑周边应稍深于中部。周边深 30～35 厘米，中部深 25～28 厘米，使床底呈龟背形。

4. **保温覆盖**　为加强保温性能，床框上要覆盖塑料薄膜，夜间再加盖草苫；或者在温床上插小拱棚后覆盖塑料薄膜，夜间加盖草苫保温，见图 2-3。

（三）建　造

1. **挖床坑**　选择光线好的位置建造温床。畦向以东西向延长为好，床宽 1.5 米，床长依据需要而定。床坑周边深 30～

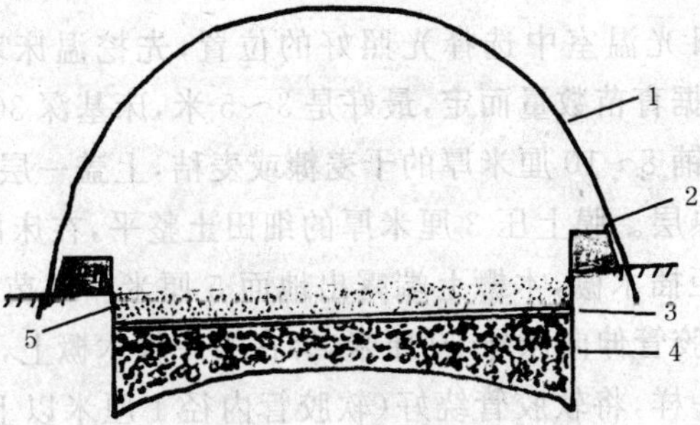

图 2-3　酿热温床横断面

1. 小拱棚　2. 床框(床埂)　3. 药土层　4. 酿热层　5. 营养土

35 厘米,中部 25～28 厘米,床底修成龟背形。

2. **填充酿热物**　酿热物在播种前 8～10 天填充。将马粪与切碎并浸好水的玉米秸(用手一握能挤出水)或浸水的干树叶等混合均匀,马粪与秸秆或树叶的比例是 3∶1。酿热物分 2 次填入,每填 1 次酿热物要泼浇 1 遍人粪尿,以利于尽快发热。填充的酿热物在发热前不要踩得过实,保持较疏松状态。温床用塑料薄膜封严,夜间盖草苫。酿热物升温到 50℃左右时,揭开塑料薄膜,把酿热物用脚踩一遍后整平,上盖 3 厘米左右的细土,在土中每平方米拌入 20～25 克敌百虫粉,以预防地下害虫。

三、热水温床

(一)性能特点

热水温床建造简单,也不需要特殊设备,较酿热温床容易控制床土温度,受恶劣天气影响小,比较适合冬季日光温室中作为播种床来培育子母苗(分苗前的小苗)。

（二）建　造

在日光温室中选择光照好的位置，先挖温床基，宽 1.5 米，长依据育苗数量而定，最好是 3～5 米，床基深 30 厘米。床底整平，铺 8～10 厘米厚的干麦糠或麦秸，上盖一层塑料薄膜构成隔热层。膜上压 3 厘米厚的细田土整平，在床两端按 10 厘米间距插木橛，木橛上端露出地面 5 厘米。从苗床一角开始，把软胶管伸向床外 60 厘米，绑在第一根木橛上，然后像绕电热线一样，将软胶管绕好（软胶管内径 1 厘米以上，外壁厚 0.2 厘米左右）。布管时严防软胶管出死弯，避免通水不畅。软管布好后要进行通水试验，要求软管无破裂，不漏水，灌水直到另一端能畅通流出水。证明软管通畅后，再在软管上铺营养土，厚度 10～15 厘米。苗床四周床框和保温覆盖与酿热温床相同，见图 2-4。

图 2-4　热水温床断面

1. 小拱棚　2. 营养土　3. 软胶管　4. 隔热层

（三）苗床温度调控

播种选择晴天上午进行，先用热水浇透营养土，待床温稳定在 25℃～30℃时播种。以后当床土温度低于育苗要求时，从软管进水口灌入热水增温，使软管内的冷水从出水口排入水桶内。由此维持适宜的床土温度。

最好将软管的两端与蜂窝煤炉的热水循环装置连接起来，床土温度低于要求时，打开炉子风门，使热水在软管中循环，保持苗床床土适宜温度，当床土温度达到要求后，关闭风门封住炉火。

四、遮荫防雨育苗床

夏季培育蔬菜幼苗的关键，主要是减轻高温、多雨和害虫造成的不利影响。目前比较好的方法是建造一个既能遮荫降温，又能避免雨水直接冲淋幼苗和防虫危害的育苗凉棚。

(一)建 棚 架

选择地势高、通风良好、浇水方便、雨季不积水的地块建育苗棚。棚宽 2～3 米，棚长可以根据需要决定，棚高 1.2 米左右，人在棚内弯腰可行走。主要应用竹片和竹竿建棚架。

(二)扣棚膜、覆盖防虫网

棚架建好后，棚架底部距地面 30～40 厘米，用 20～30 目的防虫网封好，其余部分用薄膜封好(可选用旧膜，遮荫效果好)，这样既能遮荫防雨，又能避虫(蚜虫)、通风。如果棚体小，还可用防虫网将全棚盖严。降雨或强光高温时盖膜，不降雨和光照弱的天气不盖膜，以利于通风育壮苗。

(三)做 苗 床

根据棚体大小，可分别在建棚前后做好苗床。苗床宽 1～1.2 米，苗床长度可以根据棚长和实际需要决定。苗床四周挖好排雨水的水沟，防止膜上流下的水和周围雨水流入苗床，以免影响幼苗正常生长，见图 2-5。育苗营养土根据育苗方式进行适当配制，具体配制方法在育苗部分叙述。

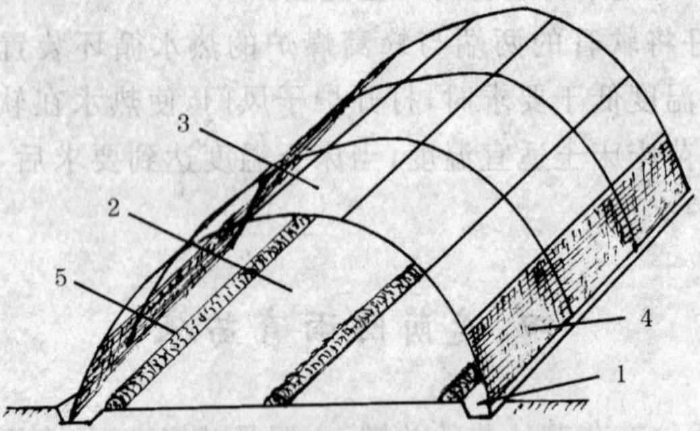

图 2-5　遮荫防雨育苗床断面

1. 排水沟　2. 育苗床面　3. 防雨薄膜　4. 防虫网　5. 苗床埂

思考题

1. 电热温床主要有哪几部分组成？

2. 电热温床育苗有什么优点？

3. 酿热温床育苗的优缺点是什么？如何克服它的缺点？

4. 遮荫防雨育苗床主要作用是什么？夏季你将如何育苗？是否进行遮荫防雨，你认为有必要吗？为什么？

第三章　番茄的类型和主要品种

一、番茄的类型

(一)依据植株生长习性分类

1．**无限生长类型(不封顶类型)**　番茄植株生长到一定时期，主蔓顶芽形成花芽(即以后结果实的花穗)。然后由此花芽下边的侧芽萌发生长，代替原来的顶芽继续向上生长，当长到一定时期后它又变成花芽，这时此花芽下边的侧芽又萌发代替顶芽继续向上生长，如果环境条件适宜可如此无限地延伸生长，所以称其为无限生长类型。与有限生长类型相比较，无限生长类型的番茄品种，第一花序出现得晚(着生节位靠上)，花序之间间隔的叶片数多，植株长势强，果实个大，总产量高。适宜棚室长期高产栽培，可通过适时摘心控制果穗数量。用于棚室早春早熟丰产栽培，比选用早熟品种容易获得较大的果实，更容易实现番茄的再生生产(所留果穗收完后，有意利用中下部长出的侧枝再进行培育结果)。另外，由于植株长势强，抗逆性也强，更适宜露地栽培。

2．**有限生长类型(自封顶类型)**　番茄植株生长到一定时期，顶芽形成花芽，而后由顶芽下边的侧芽萌发代替原顶芽向上生长的情况与无限生长类型相同。不同的是当其顶芽分化 2～4 个花序后，顶芽下边的侧芽不能再萌发向上生长，这样主蔓就不能再向上延伸生长，所以称这种番茄为有限生长类型。有限生长类型的番茄与无限生长类型的番茄比较，第一花序出现得早，花序之间间隔的叶片数少。所以植株较矮，长势容易变弱，结果较集中，而且早熟性好。适宜早春棚室内密植早熟栽培，或者利用植株矮的特点，在中小棚或棚室较低矮处栽培，也可用于露地栽培与其他高秆作物套作。

（二）依据番茄熟性分类

1. **早熟品种** 有限生长类型的番茄均属早熟品种，第一花序出现早（一般第一花序着生在第六至第七节位），花序之间间隔叶片数目少（1～2 片叶），而且果实多数不如中熟品种和中晚熟品种的大。生产上突出特点是，果实成熟早，采收期也比较短，适宜用于中、小棚早春密植栽培，有利于提早上市。

2. **中熟品种** 中熟品种属于无限生长类型，第一花序出现在第七至第九节位，花序之间间隔 2～3 片叶，一般果实比早熟品种的大。中熟品种适宜棚室早春早熟丰产栽培（一般通过摘除顶尖控制果穗数目，达到早熟高产的目的），也适用于棚室秋延后和越夏栽培。

3. **中晚熟品种** 属于无限生长类型，第一花序出现较中熟品种晚，花序之间间隔叶片数也比中熟品种的多，植株的生长势更强，抗逆性更高，适合棚室或露地长期高产栽培。

另外，依据番茄叶片形态特征划分，有普通番茄、薯叶番茄（叶片像马铃薯的叶片）和皱叶番茄（叶片深绿，厚实皱缩，蔓粗节间短，植株直立或半直立）；按番茄果实颜色划分，有红色、粉红色、黄色和紫色等；按番茄果实大小划分，有大果类型、中果类型、小果类型和微型果类型（樱桃番茄）。

二、番茄主要品种

各地应该根据当地气候特点、栽培方式、栽培季节、市场需求、消费习惯、主要病害发生状况等因素，进行综合考虑，从中选择适宜品种来栽植。避免盲目追新求特，以防给棚室番茄生产带来损失。

(一)早熟品种

1. **早霞** 由北京市农林科学院蔬菜研究中心育成。植株属于有限生长类型，主蔓第五至第六节位着生第 花序，长出第三花序后封顶。果实粉红色，平均单果重120克，品质好。适合棚室和露地密植早熟栽培。

2. **西粉3号** 由陕西省西安市蔬菜研究所育成的一代杂种。植株属于有限生长类型，主蔓第七节位着生第一花序，长出3个花序后封顶。果实圆形，粉红色，平均单果重180克，果肉厚，品质好。耐寒，低温下果实发育好，抗烟草花叶病毒病，耐黄瓜花叶病毒病。适合棚室及露地早熟栽培。

3. **早丰** 由陕西省西安市蔬菜研究所育成的一代杂种。植株属于有限生长类型，在主蔓第六至第七节位着生第一花序，花序之间间隔1～2节，长出2～3个花序后封顶。果实圆形，红色，果面光滑，脐小，品质好，单果重150～200克。抗烟草花叶病毒病，对早疫病和青枯病也有一定抗性和耐性。适合棚室和露地早熟栽培。

4. **朝研205番茄** 由辽宁省朝阳市蔬菜研究所育成的一代杂种。植株属于有限生长类型，主蔓长出3个花序后封顶。果实圆形，大红色，单果重350克左右，成熟果实无绿色果肩，硬度好，耐长途运输。适合露地和棚室早熟栽培。

(二)中熟品种

1. **中杂9号** 由中国农业科学院蔬菜花卉研究所育成的一代杂种。属于无限生长类型，第一花序着生在第八至第九节位，植株长势强。果实高圆形，粉红色，幼果有绿肩，果面光滑，果脐及梗洼小，商品性好，畸形果及裂果少，单果重140～200克。高抗烟草花叶病毒病和叶霉病，中抗黄瓜花叶病毒病。适合棚室及露地栽培。

2. L-402　由辽宁省农业科学院园艺研究所育成的一代杂种。属于无限生长类型，第一花序着生在第七至第九节位，植株长势强。果实扁圆形，粉红色，果面光滑，果脐小，单果重200克左右，果肉厚，酸甜适中，耐贮运，商品性好。抗逆性强，耐低温，抗病毒病。适合早春露地和春、秋棚室栽培。

3. L-401　由辽宁省农业科学院园艺研究所育成的一代杂种。属于无限生长类型，植株长势中等，第一花序着生在第七至第九节位，每个花序间隔3片叶。果实大，扁桃形，粉红色，有绿色果肩，果脐小，种子少，单果重200克左右，质沙味甜，商品性好。较抗病毒病，耐低温。适合冬、春棚室栽培。

4. **佳粉15号**　由北京市农林科学院蔬菜研究中心育成的一代杂种。属于无限生长类型，植株长势强，第一花序着生在第八节位。果实圆形至稍扁圆形，粉红色，品质优良，单果重200克以上。耐寒耐热，高抗叶霉病和烟草花叶病毒病，耐黄瓜花叶病毒病。适合春露地和棚室冬、春、秋栽培。

5. **中蔬5号**　由中国农业科学院蔬菜花卉研究所育成。属无限生长类型，长势强。第一花序着生在第八至第九节位，花序间隔3片叶。果实圆正，粉红色，有绿色果肩，单果重150克左右，畸形果少，裂果轻，甜酸适中，品质优良。高抗烟草花叶病毒病，中抗黄瓜花叶病毒病。适合春季棚室和露地栽培。

6. **晋番茄4号**　由山西省农业科学院蔬菜研究所育成的一代杂种。属无限生长类型，连续坐果性强。果实近圆形，大红色，果脐小，果实较硬，耐运输，抗裂果，单果重200～300克。抗病毒病、叶霉病和早疫病。适合露地和棚室栽培。

7. 98-8　由上海富农种业有限公司育成。属无限生长类型，第一花序着生在第八至第九节位，花序间隔3片叶。果实偏高圆形，粉红色，单果重250～300克，无绿色果肩，硬度高，耐成熟裂果，耐贮运，口味酸甜适中，口感好。植株长势较旺盛，田间表现高抗叶霉病。适合早春棚室栽培。

8. **中蔬4号**　由中国农业科学院蔬菜花卉研究所育成。属无限生长类型，第一花序着生在第八至第九节位，花序间隔2～3片叶。花序易出现花前枝，要及时摘除。果实扁圆形，粉红色，果肩鲜绿色，皮薄肉厚，酸甜适度，风味佳，平均单果重150克。高抗烟草花叶病毒病，耐黄瓜花叶病毒病和晚疫病。适合早春露地和棚室栽培。

（三）中晚熟品种

1. **毛粉**802　由陕西省西安市蔬菜研究所育成的一代杂种。属无限生长类型，长势强，其中有的植株长有长而密的茸毛，第一花序着生在第九至第十节位。果实粉红色，果面光滑，圆正美观，果脐小，幼果有绿色果肩，单果重200克左右，果肉厚，不易裂果，品质好。高抗烟草花叶病毒病，耐黄瓜花叶病毒病和早疫病。适合早春露地和棚室栽培。

2. **双抗2号**　由北京市农林科学院蔬菜研究中心育成的一代杂种。第一花序在第九节位出现，花序间隔3片叶。果实近圆形，粉红色，单果重150～250克，果皮较薄，果肉厚，风味佳。高抗叶霉病和烟草花叶病毒病。适合棚室栽培。

3. **以色列**144(R-144)　由以色列海泽拉优质种子公司育成的一代杂种。无限生长类型，晚熟。果实扁球形，单果重120～180克，果色亮红，着色均匀，果实肉厚，耐贮运，品质优良。植株长势旺盛，耐低温，抗黄萎病、枯萎病和烟草花叶病毒病，适应性广。适合棚室春、秋长期栽培。

4. **卡依罗**　由西班牙西方种子公司育成的一代杂种。属无限生长类型，长势强，叶片浓绿。果实圆正，大红色，色泽光亮，大小均匀，单果重200克左右。果实口味佳，货架期长，极耐贮运，是适宜远距离运输和出口的硬果型品种。抗烟草花叶病毒病、叶霉病、黄萎病、枯萎病，尤其对线虫有较强的抗性。适合在大棚早春、晚秋及温室内越冬栽培。

5. **佳红**　由北京市农林科学院蔬菜研究中心育成的一代杂种。属无限生长类型，第一花序着生在第六至第七节位，以后每隔3片叶着生一个花序，叶色深绿，生长势强。果实稍扁圆或圆形，红色，幼果有绿色果肩，单果重150～250克。高抗烟草花叶病毒病，抗叶霉病及晚疫病。适合春季露地及秋季棚室栽培。

（四）樱桃番茄

下面介绍的樱桃番茄良种，均属无限生长类型，且长势较强。

1. **京丹6号**　每个花序有花7～20朵。果实圆形稍显尖，成熟果深红光亮，平均单果重25克，果实酸甜，口感好，果肉硬，抗裂果。连续生长能力强，高抗病毒病和叶霉病。适合棚室长期栽培。

2. **美味樱桃番茄**　花序间隔3片叶，每个花序坐果30～60个。果实圆形，鲜红色，大小均匀一致，果面光滑，不易裂果，商品性好，单果重10～15克，品质好，酸甜适中。高抗烟草花叶病毒病，抗黄瓜花叶病毒病。适合棚室和露地栽培。

3. **小黄果**　花序间隔3片叶，座果率高，每个花序坐果20～40个。单果重20～25克，果实椭圆形，金黄色，鲜嫩，口感好，耐贮运。抗早疫病、晚疫病、灰霉病和病毒病。适合棚室栽培。

4. **圣女** 分枝性强，生长旺盛，适应性强，容易栽培，病虫害少。开花座果率高，每个花序坐果12～15个，单果重12～15克，果实高圆形，红色，果皮薄，甜度大，口感好，不易裂果，耐贮藏，适合生食。适合棚室长期栽培。

5. **黄洋梨** 花序间隔3片叶，每花序坐果10个以上。果实外形似洋梨，成熟后黄色，单果重15～20克。酸甜适中，品质好。比较耐热，抗病。适合棚室长期栽培。

6. **红洋梨** 花序间隔3片叶，每个花序坐果10个以上。果实外形似洋梨，成熟后红色，单果重15～20克，酸甜适中，品质优良。较耐热，抗病。适合棚室长期栽培。

7. **苏彩8号** 植株高2米左右，单株结果7～8穗，结果200个以上。果实圆球形，棕紫色，单果重15克左右。适合棚室早春栽培。

8. **京丹红香蕉1号** 坐果良好。果形长似香蕉，成熟果光亮透红，抗裂果，耐运输。适合棚室早春栽培。

9. **超甜樱桃番茄** 根系发达，越冬栽培株高可达10～15米，每株可收28穗果以上，每个花序坐果30个以上。果实圆形，成熟果鲜红色，单果重10～12克，果较小，皮厚，不易裂果，较耐贮运。适合棚室长期栽培。

思考题

1. 按番茄植株生长习性，将番茄分为几种？各种类型与栽培有何关系？

2. 根据当地情况（市场、消费习惯等），早春、越夏、秋延后、越冬棚室内栽培番茄如何选择番茄品种？

3. 你在选择番茄品种时，如何考虑？

第四章　塑料薄膜大棚番茄栽培技术

一、大棚番茄生产安排

利用塑料薄膜大棚栽培番茄，在全国各地非常普遍，目前从实际生产情况看，主要有大棚早春番茄栽培、大棚越夏番茄长期栽培和大棚秋番茄栽培3种形式。

（一）大棚早春番茄栽培

一般是在12月中旬至翌年1月下旬播种育苗，日历苗龄60～70天（中熟品种），3月上旬至4月中旬（当地晚霜前30天左右），在大棚内定植秧苗，5月上旬至6月中旬始收，采收期30～40天，每667平方米产4 000千克以上。

（二）大棚越夏番茄长期栽培

是在大棚早春栽培的基础上，夏季利用遮阳网、防虫网和原棚顶膜，进行遮荫降温、防雨和避虫，采用国外引进适应性较强的新品种，使大棚番茄由早春一直栽培到秋末。或者在早春茬番茄的基础上，采取连续摘心整枝技术或运用整枝换头再生方法，夏季同样利用遮阳网、防虫网和原棚顶膜，加强管理，保护植株越夏，秋季开花结果，果实在淡季又开始上市。

（三）大棚秋番茄栽培

一般是在6月上旬至7月上旬播种育苗，日历苗龄25天左右，7月上旬至8月上旬在大棚定植秧苗，9月上中旬始收，11月上中旬拉秧，每667平方米产3 000千克以上。

二、大棚早春番茄栽培技术

(一)品种选择

首先考虑市场需求,早春番茄果实是蔬菜,也是水果,大部分是生食,所以要酸甜适度,口感好。栽培上主要选择耐低温、抗病性强、早熟性较好、产量高的品种。目前生产上表现较好的早熟品种有早霞、西粉3号、早丰、朝研205番茄等,中熟品种有中杂9号、L-402、佳粉15号、中蔬5号等。

(二)培育壮苗

1. **壮苗的标准** 普通育苗方式,日历苗龄60~70天。秧苗高度和秧苗开展度均为20~25厘米,早熟品种展开6~8片叶,中熟品种展开8~9片叶,叶片肥厚、深绿色。茎粗0.6厘米以上,茎表皮浅紫色。第一花序现花蕾。育苗钵或土坨完整,根系发育良好。

2. **准备播种床** 每栽培667平方米的番茄,用种量为40~50克,需要准备播种床5~6平方米。春季大棚早熟栽培番茄的秧苗,一般在日光温室内用电热温床或酿热温床培育,制作方法见第二章育苗床种类与选择;也可以在温室内通过煤炉加温,在栽培床上做播种床,方法可参照酿热温床地上部分;用苗数量少的,还可以利用木箱、箩筐之类便于移动的容器,内装营养土作为播种床,根据幼苗生长需要移动位置,满足温度和光照等条件。无论采用哪种播种床,都需要配制苗床土。

配制苗床土:由于番茄幼苗分苗前生长时间并不长(20~25天),需要的养分数量不多。但是,要求播种苗床土必须疏松透气,并具有一定保水供肥的能力,保证分苗移植时幼苗生长健壮，好起苗，伤根少。苗床土配制按体积计算，1/3肥沃大田土，1/3 细炉灰，1/3 腐熟马粪，3 种成分混合后过筛备用。

3. **种子处理** 为了消除种子表皮所带病菌和虫卵，促进种子尽快活动发芽，在播种前要对种子进行处理（一般包括晒种、种子消毒、浸种催芽和低温处理等）。此时对种子进行处理，种子体积小，处理方便，效果好，成本低。生产者须加以重视。

（1）*晒种* 将购买的种子，尤其是贮存的种子，放在太阳下晒种 2～3 天，有利于提高种子发芽整齐度，并能增强种子对烫种水温的抵抗能力，便于提高消毒效果。

（2）*种子消毒* 用少许清水将种皮润湿后，马上用50℃～55℃热水烫种 20 分钟，注意烫种期间要用木棒不停搅动，让水和种子转动起来，水温不足时补充热水保持水温，到时间后立即将种子捞出，或加冷水降温到 30℃以下，以免烫伤种子。将种子稍加淘洗后，再用 10％磷酸三钠溶液浸种 20 分钟。用清水搓洗 2～3 遍，再进行浸种催芽。

（3）*浸种催芽* 把消毒后的种子放入 20℃～30℃水中浸泡 5～7 小时，洗净后晾干种皮明水进行催芽。将种子用纱布包好（要松散，包紧透气不好）放到瓦盆内，上盖湿毛巾保湿（把干净棉毛巾，用水浸透拧出过多水分），放置在 25℃～30℃的环境下催芽，2～3 天即可发芽。在催芽的过程中，每天翻动种子 2～3 次，以确保所有种子受热一致，并且能改善透气条件。每天用温水（25℃～30℃）淘洗 1 次，洁净种皮，保持适宜湿度，为发芽创造良好环境。出芽后（芽长度与番茄种子横径相等为宜）选择晴天尽快播种。如果遇到不好天气或其他问题不能马上播种时，可将发芽种子用凉水过一下，放在 8℃～10℃的冷凉处保湿蹲芽，抑制种芽伸长生长，天气好转后及时播种。

4. **播种** 温床铺8～10厘米厚配制好的床土，压实耙平，提前1～2天浇足底水，在床面上覆盖地膜保湿，利用已有条件提高床土温度。待苗床土温度达到20℃左右时，即可选择晴天上午播种。播种时如果床面湿度不足时，在床面喷浇1次水。浇水后床面出现高低不平时用细土填平。另外，为预防苗期病害，可以在播种前后撒药土，按每平方米苗床用50%多菌灵可湿性粉剂7～8克，与100倍细土调匀，在播种前后各撒一半。播种时为将种子撒播均匀，一是要在种子中掺入3～5倍配制的药土，使种子不抱团；二是要将全部种子分2份，分2次撒入。种子上面覆土厚度为1厘米，最后床面用地膜覆盖保湿。

5. **播种后的管理** 从播种到分苗，主要管理包括温度控制、间苗和覆土。

(1)温度控制 根据番茄此时幼苗生长特点和对温度要求，从播种到分苗分4个时期。

①从播种到出齐苗：播种后如何促使幼苗尽快出土，这是最主要的问题。适宜气温，白天28℃～30℃，夜间20℃～22℃，床土温度以25℃左右为宜。实际生产上很难达到适宜的温度条件，所以，要求管理上要充分利用加温和保温设备，如电热温床，要把床土温度调到25℃；炉火加温，应该加强管理，使煤炉充分发挥作用。此外，要密闭棚膜，草苫晚揭早盖，充分利用太阳能提高棚室内温度，夜间加盖苗床上的保温覆盖物，尽量提高气温和床土温度。确保幼苗安全快出土，严防温度低、湿度大、烂籽、不出苗的现象发生。

②出齐苗到第一片真叶展开：这一段最主要的是控制幼苗下胚轴(幼苗子叶到地表面之间的一段茎)不能过速生长，

形成高脚苗。造成出现高脚苗的主要原因是温度高，尤其是夜温高，其次是幼苗拥挤、光照弱。所以，幼苗开始出土时就要适当降温，出土后更要注意降温，严防出苗早的苗徒长形成高脚苗。温度掌握白天20℃～25℃，夜间10℃～15℃，床土温度18℃左右。在温度达到要求的情况下，草苫及其他保温覆盖物均要早揭晚盖，延长光照时间。光照强能抑制幼苗纵向生长(向上生长)。温床因地下有温度，地上夜间在不受寒害的情况下，苗床上可不用再扣膜或进一步保温覆盖，以防出现高脚苗。

③第一、第二片真叶生长期:要掌握适宜的温度，白天20℃～25℃，夜间12℃～15℃，这一阶段多见光。

④分苗移植前4～5天:要适当降温炼苗。通过通风降温控制幼苗生长速度，使幼苗生长健壮，有利于分苗后快速缓苗。此时温度掌握白天15℃～20℃，夜间10℃～12℃。

(2)间苗　为保证每棵幼苗都具有一定的营养面积，当幼苗出齐后，要及时间苗。防止幼苗因拥挤导致徒长。在幼苗出心叶时进行第一次间苗，首先拔除杂草、杂苗、弱苗和畸形苗，再疏除过于密集的苗，使苗间距达1厘米左右。当幼苗展开1片真叶时进行第二次间苗，进一步淘汰劣苗，使幼苗间距扩大到1.5～2厘米。

(3)分次覆土　冬季育苗，往往苗床土壤温度偏低，除在播种时浇足底水以外，一直到分苗前不再浇水，要通过多次覆土加强保持苗床土壤中的水分。一般在种芽拱土要出苗时，覆第一次土，出齐苗覆第二次土，间苗后覆第三次土。第一次覆土除增加保墒外，还能预防种苗带帽出土(带着种皮出土)。覆土要在晴天上午幼苗叶片上无水珠后进行，每次覆土厚度为0.2～0.3厘米，覆土厚度要均匀。覆盖用土要提前准备，放在温室预热后过筛再用，严防从室外现挖现用。

6. **分苗移植** 番茄幼苗长到2～3片真叶时，需分苗移植。将幼苗移到另外苗床或营养钵中栽植，以满足幼苗生长对营养面积的要求。

(1)准备分苗苗床 在温室内选择光照条件好的位置做东西走向的苗床，宽1～1.2米，长6～8米。在苗床直接移植幼苗时，每个苗床施过筛腐熟农家肥150～200千克，用三齿镐刨2～3遍，深度15厘米。使肥料与床土充分混匀。耥平待分苗。如果用纸筒或塑料营养钵分苗，需要的营养土按体积配制，2/3肥沃大田土，1/3过筛的腐熟农家肥。如果肥料质量差，每立方米的营养土中加入磷酸二铵2千克，过磷酸钙2千克。另外，为预防苗期病害，每立方米营养土加入50%多菌灵可湿性粉剂80克。将营养钵(高10厘米、直径10厘米)装七成营养土，并稍压实，上留3厘米，将营养钵在苗床上排好，分苗前2～3天浇水，浇透营养土，盖膜保湿增温。

(2)分苗方法 分苗要选择晴天进行。如果播种苗床土过干不便出苗时，要提前1天适度浇水，待床土干湿适宜便于起苗时，由地下4～5厘米将幼苗带土铲起，带土掰开植苗。

在苗床直接分苗移植时，从分苗苗床一端按10厘米行距开沟浇水，在沟内按10厘米苗距栽苗，全沟栽苗结束后再浇1次水，接着推土平沟，用同样方法逐行移植。注意分苗水必须用足，浇水量以分苗后全苗床表土完全润湿无干土为宜。如果苗床表土成泥状，说明用水过多。

向营养钵分苗移植时，在每个营养钵中央栽入1棵壮苗，盖土后喷水浇透。

无论向何处分苗移植，移植深度与原播种床入土深度相同或稍深一点为好。移植过深，尤其是徒长苗，土温低，湿度大，缓苗慢，严重时造成大量死苗。另外，分苗时注意淘汰劣苗，严把分苗质量关。

7. **分苗后的管理**

(1)温度管理　分苗到定植分 3 个时期：分苗到缓苗，缓苗到定植前 1 周和定植前 1 周。

①分苗到缓苗：是幼苗长新根的缓苗期，要求温度高，白天 25℃～30℃，夜间 18℃～20℃，地温 20℃左右。管理上要充分利用加温、保温措施，草苫晚揭早盖，提高夜间室内温度，白天要密闭棚膜，充分利用太阳的照射，提高室内温度，加快缓苗速度。

②缓苗后到定植前 1 周：移植后 6～7 天，幼苗心叶开始生长，早晨刚揭开草苫后可看到幼苗心叶叶缘有水珠，说明幼苗地下已经长出新根，缓苗期已过。进入秧苗主要生长期，也是幼苗内部花芽分化期，需要适宜的温度和充分的光照条件。温度比缓苗期要适当降低，掌握白天 18℃～20℃，夜间 13℃～15℃。管理上要适当早揭苫晚盖苫，经常清扫棚膜上的尘土，创造良好的光照环境，遇阴天也要注意灵活揭盖草苫接受散射光。

③定植前 1 周：此时主要是降温锻炼秧苗，为定植做好准备。温度掌握白天 16℃～20℃，夜间 10℃～12℃，短时 8℃左右。措施是加大通风量和延长通风时间，逐步减少盖苫时间，直到夜间不盖苫，尽量制造大棚定植时的棚内环境。通过锻炼秧苗，提高秧苗的适应能力，能够适应定植后的低温环境，较快地缓苗恢复生长。

(2)中耕松土　在苗床直接分苗移植的秧苗，在秧苗缓苗后到封垄前，可用钢筋挠钩进行中耕松土 2～3 次，通过中耕松土既能保墒增温，又能增强床土的透气性，有利于幼苗根系的良好发育。

(3)倒苗　采用纸筒或塑料钵育苗时，秧苗会因拥挤而徒长，也会因某些原因出现秧苗大小不一致，应选择晴天及时进行倒苗。如因温度和水分不一致造成，可将大小苗分类集中，采取调换位置、对小苗进行补充水肥等措施，争取培育大小整齐的壮苗。另外，育苗后期，秧苗会因拥挤徒长，营养钵育苗，要及时拉大苗间间距，防止秧苗徒长拔高形成弱苗。

(4)水肥管理　在秧苗生长正常的情况下，育苗期间不再追肥浇水。如果育苗期间缺水，易出现幼苗生长缓慢、叶色浓绿、幼苗矮小的现象，尤其是采用纸袋或塑料钵育苗时，水分散失快。一旦出现幼苗缺水时，应该选择晴天上午进行喷浇补水，能覆土时下午进行覆土保墒。如果秧苗既缺水又缺肥时，可以在补水时加入适量尿素(800～1 000 倍液)。秧苗叶片出现发黄现象缺肥不缺水时，可以叶面喷施尿素和磷酸二氢钾 300 倍液 2～3 次。

(5)囤苗　对于在苗床直接分苗育成苗时，在定植前 5～6 天浇 1 次水，到苗床土干湿适宜、便于切块起坨时，按秧苗营养面积大小切块起出(10 厘米×10 厘米)，再整齐地排在苗床上，要用细潮土把土坨之间空隙封住，放置 4～5 天后定植。通过囤苗可以有效地抑制秧苗徒长，促进幼苗断根伤口愈合和发生侧根，同时土坨不易散坨，减少根系损伤，定植后适应性强，缓苗恢复生长快。

(三)定植前的准备

定植前要做好修整大棚骨架、尽早扣棚膜烤地、施肥整地和做畦等准备工作。

1. 修整大棚骨架　早春风多且大，为做到安全生产，必须提前认真修整大棚骨架。尤其对于应用多年的大棚，要检查立柱埋在地下的部分是否腐朽，拱杆绑扎处是否牢固，固定棚架和压膜线的地锚是否牢固等,该更换的及时更换,该加固的认真加固,确保具备抗风能力,避免风害受损。

2. **扣棚膜烤地** 为了提高大棚内的土壤温度,对无前茬蔬菜的冬闲大棚,要在定植前15～20天扣棚膜。一般拱圆形塑料薄膜大棚,要选择0.1毫米厚的农用薄膜(聚乙烯长寿无滴膜),采取二块膜或三块膜覆盖法。

(1)*二块膜覆盖法* 适合棚脊高度比较矮(2.2米左右)的大棚,在棚顶留通风口,人工操作方便。具体覆盖方法是全棚二块膜,在棚顶中部重叠30～40厘米,大棚东西两侧棚膜盖到地面用土压好,在大棚内部东、西两侧,设置高度60～80厘米的围膜(可用较厚的地膜),以后撩底膜通风时,避免形成"扫地风"直接伤秧。

(2)*三块膜覆盖法* 适合棚脊较高的大棚,在大棚两侧肩部留通风口。在大棚东、西两侧下部设置围膜,高度1米左右。大棚顶部1块膜,东、西两边与下部围膜上边重叠30厘米左右,作为以后扒缝通风的风口。

3. **施肥整地** 对于无前茬蔬菜的早春大棚,在秋末深翻地30厘米,结合秋耕深翻地施足基肥。如果有前茬蔬菜时,要在定植前10～15天净茬施肥整地。一般每667平方米施腐熟农家肥6～8立方米,过磷酸钙50～100千克。在定植前5～7天做畦。先在大棚中间做南北走向的浇水沟,再在浇水沟两边做东西走向的高畦。具体操作程序是,做好浇水沟后,在东西两边按1.2～1.4米间距开东西走向的沟,宽40厘米,深20～25厘米。在沟内每667平方米施磷酸二铵20千克,或饼肥100千克,与土相拌后浇沟水,水渗入后立刻刨沟培高畦(宽70厘米,高10～15厘米)、覆地膜。待地膜内土壤洇透,地温回升后,选择晴天定植。这样既能造好土壤墒情,也能保持较高的土壤温度。

（四）定　植

1. **定植适期**　适宜定植的温度标准：大棚内10厘米地温稳定在10℃以上，棚内最低气温（一般在凌晨）稳定在5℃以上。还要注意选择“冷尾暖头”时定植，就是阴冷天气刚过、晴朗天气开始之时定植秧苗。

2. **定植方法**　在高畦背上按小行距45～50厘米，株距25～50厘米打坑，在坑内点浇后栽苗，如果水不足，栽苗后再点浇1次，水渗入后用细土把定植口封好。定植时注意淘汰劣苗，定植深度以土坨上顶与畦面相平为准。

（五）定植后的管理

大棚番茄定植后的管理重点：前期防寒保温促缓苗；缓苗后主要是通过综合管理，协调好长秧与长果之间的关系，适时浇水追肥，做好病虫害的综合防治。

1. **温度管理**　从定植到拉秧，不同时期对温度的要求有所不同。缓苗期：定植后为加快幼苗缓苗，恢复正常生长，要加强防寒保温的管理。密闭所有通风口和棚门口。夜间棚外围可以围草苫，能提高棚内温度1℃～2℃，在棚内加扣小拱棚也能提高2℃左右。在幼苗缓苗期间，如果不出现烤苗或有害气体（主要是因施用未腐熟肥料而出现氨气危害）危害的情况下，一般不通风（放风）。缓苗期间棚内适宜温度，白天25℃～30℃，夜间15℃～18℃。缓苗后白天保持23℃～25℃，夜间13℃～15℃。每天上午棚温达28℃左右开始通风，防止植株徒长。座果期（第一花序坐果到开始采收）白天棚温保持20℃～25℃，夜间15℃～18℃。开始采收果实以后，白天掌握23℃～25℃，夜间16℃～18℃，以促进果实着色成熟。通风口的具体管理方法：前期温度偏低，主要是利用棚顶通风口或者下风口(背风一侧风口)通风。随着外界气温升高,通风风口面积逐渐加大,并且由主要利用单侧风口(顶风口或下风口)通风过渡到利用上风口和下风口配合通风,以达到维持棚内适宜温度和湿度的目的。到外界最低气温稳定在 10℃时,可以留夜风口;到外界最低气温稳定在 15℃时,可以将大棚四周薄膜昼夜撩起,直至撤去棚膜。

2. **水肥管理** 定植 5～7 天,早晨秧苗顶部嫩叶(心叶)叶缘出现小水珠,心叶开始生长,这说明幼苗地下已经长出新根系,缓苗期已过,即可选择晴天上午浇缓苗水。以后暂停浇水,进入蹲苗阶段。对于生长正常的无限生长类型的番茄品种,到第一穗果实长到核桃大小时,开始浇催果水。此时果实进入迅速膨大生长时期,争夺水分、养分的能力强,不会出现因浇水而疯秧的问题。但是对于早熟品种及老化秧苗,第一花序出现早,坐果也比较集中,浇催果水的时间要相应地提早,以避免出现果实赘秧现象。催果水浇过以后,每隔 6～10 天浇 1 次水(前期温度低,通风量小,浇水间隔时间长;中期温度升高,通风量加大,植株坐果多,需水也多,浇水间隔时间缩短),保持土壤水分稳定,不要忽干忽湿。番茄追肥要与浇水相结合。对于特别弱的秧苗,在浇缓苗水时,每 667 平方米追施尿素10～15 千克。对一般正常秧苗,在浇催果水时,每 667 平方米追施氮磷钾复合肥 20～30 千克,或者追施腐熟的液态肥(人粪尿 400～500 千克,或沼渣沼液 300～400 千克)。以后配合浇水,平均收获 1 穗果追施 1 次肥。每 667 平方米每次追施尿素 10 千克、磷酸二铵 10 千克、硫酸钾 10 千克,或者追施氮磷钾复合肥 25～30 千克。

3. **中耕松土** 浇缓苗水以后到浇催果水期间,一般不浇水,在此期间对高畦之间的浇水沟中耕松土 2～3 次。这样既能加强土壤的透气性，又能提高地温，有利于根系向深处发展。

如果采用平畦栽植不覆盖地膜，浇过缓苗水后2～3天，应该对植株行间全面中耕松土，直到植株封垄前宜中耕3～4次，结合最后一次中耕松土进行培垄。

4. **植株管理**

(1)搭架绑蔓　搭架绑蔓的目的是让番茄茎蔓在空间分布均匀，为其整体创造一个通风透光的良好环境。具体方法：在番茄植株不能直立时及时搭架。目前大部分是利用鱼网绳吊蔓，吊绳高度1.5～2米(要根据留果穗多少而定)。也可用竹竿搭架，留2穗果的采用插扦(一棵秧旁插一根杆，高度为80～100厘米)，留3穗果以上的插篱架。不论采用哪种架型，均要插直绑牢固，避免中后期倒架。吊绳上部要固定好，吊绳质量要好，避免果多后断绳。搭架后及时绑蔓，以后平均出1穗果绑1次蔓。

(2)整枝、打杈和摘心　通过整枝打杈来控制总的叶面积，保证大部分叶片均能得到光照，使群体内通风透气，以利于防病。目前为早熟和提高前期产量，要采用单秆整枝，就是只保留主蔓，其余侧枝一律摘除。一般以侧枝长到10厘米左右时开始第一次去侧枝为好，过早进行会抑制地下根系的生长。以后在绑蔓的同时，及时摘除上部侧枝。摘心就是摘除生长点，一般是在预留最上端花序开花前、后摘除顶尖，去顶尖时在顶花序上部留1～2片叶。

(3)生长调节剂蘸花　早春受温度等环境的影响，不容易坐果，使用生长调节剂处理可有效促进番茄坐果。目前生产上主要使用2,4-D和番茄灵。2,4-D配成15～20毫克/升溶液，在溶液内加入少许红墨水(作为处理后的标记)，放入碗中。在上午9～10时，用蘸生长调节剂的毛笔涂抹新开放的花朵、小花柄和柱头。番茄灵则配成25～30毫克/升溶液，可以将新开放的花朵放在溶液中浸泡一下，也可以在每个花序开放3～5朵花时，用手掌适当遮挡，用专用小喷壶对准花序喷雾，将整个花序的花喷湿即可。注意在处理花朵时，药液不能喷到嫩叶片上。另外，药液浓度不能随意加大，不然会出现药害。

(4)疏花疏果　应该尽早去掉花序中的畸形花。对于小果品种，当一个果穗大部分花形成果实后，将前端明显变小的果实尽早摘除，使同一穗果实大小比较一致；对于果实中等大小的品种，应该每穗果保留4～6个大小一致的果实；大果品种，每个果穗保留3～4个大小较一致的果实。把畸形果、前端小果尽早摘除，以利于正常果实充分膨大生长。

(5)摘除病叶、老叶　进入采收期以后，对于成熟果实下部的病叶、老叶尽早摘除。一是能减少病原菌，二是能加强植株下部通风透气。所以，在生产中要随着成熟果实的上移，逐渐摘除下部老化叶和病叶。这是综合防病的措施之一，不能轻视。

5. **果实催熟**　早春番茄果实成熟早，价格高。另外，果实早采收有利于上部果实的膨大生长，所以早春可以对未红果实进行催熟。

(1)植株上催熟　手戴上用1 000毫克/升乙烯利溶液浸湿的棉线手套，轻握白熟期的番茄果实，涂抹果实表皮即可。可使番茄提早成熟3～5天。

(2)采后催熟　把达到白熟期的番茄果实带果柄剪下，放到2 000毫克/升乙烯利溶液中浸1～2分钟，取出后晾干装箱或装筐密封，放在25℃左右环境下催熟，一般经过5天左右可着色出售。

6. **病虫害防治** 大棚早春番茄栽培主要病害是叶霉病，主要虫害是美洲斑潜蝇，主要生理病害是脐腐病、畸形果和生理性卷叶。具体防治方法参见第六章。

（六）收 获

番茄果实视销售方式和运输距离不同，采收标准也不同。

1. **白熟期** 果实充分膨大，果皮由绿变白时采收。适宜远距离外运或贮藏。

2. **转色期** 果实顶部着色达全果实表面积的1/4时采收。此时采收后1～2天可全部着色，适宜当日上市销售。

3. **坚熟期** 果实全部着色，果实较硬，营养价值最高。此时采收适合生食，但不耐贮运。

三、大棚越夏番茄长期栽培技术

（一）品种选择

必须选用无限生长类型、植株生长旺盛、连续结果性好、抗病毒病、耐高温、耐贮运、货架期长的厚皮硬果品种。目前生产上表现较好的多为国外引进品种，如以色列144、卡依罗等。

（二）培育壮苗

由于国外品种种子价格昂贵，最好采用穴盘精细播种，2叶1心时向营养钵分苗移植，可提高成苗率，降低成本。

1. **定植苗标准** 日历苗龄50～55天，幼苗高25厘米左右，6～8片叶，茎粗0.6厘米左右，土坨完整，根系发育好，无病虫害。

2. **准备播种床** 在日光温室内设置温床，选用温床种类可根据实际情况来决定，条件允许最好选用电热温床。利用穴盘播种，在电热线上面铺床土3～5厘米。选用72孔穴盘，内装八成营养土，排放在温床床面上，准备播种。

营养土配制：炉灰30%，肥沃大田土50%，腐熟马粪20%。每立方米加腐熟鸡粪或大粪面8～10千克，氮磷钾复合肥1千克，50%多菌灵粉剂80克，充分混合后过筛备用。

3. 播　种

（1）播种时间　为提高经济收入，最大限度发挥国外引进品种的优势，播种时间可以和大棚春番茄相同，或者稍晚。

（2）播种方法　播种前浇透水，水渗入后在穴孔中央用竹片挖一个1厘米深的小坑，播1粒饱满的种子，覆盖1厘米土，播后床面覆盖地膜，苗床上插小拱棚并覆盖薄膜，保温、促进出苗。

4. 播种后的管理

（1）温度　使用电热温床播种，种苗出土前地温调到25℃左右，小拱棚内气温白天25℃～30℃，夜间15℃～20℃。种苗出土后，把地温调到18℃～20℃，气温白天20℃～25℃，夜间13℃～18℃。分苗前4～5天降温炼苗。

（2）水分　种苗出土后，揭去苗床上的地膜。穴盘育苗水分蒸发快，根据幼苗生长情况4～5天喷1次水，每次以洇透营养土为宜。

5. 分苗　幼苗长出2叶1心时向塑料钵（10厘米×10厘米）分苗移植。

（1）准备分苗苗床　在温室内选择光照好的位置，做东西走向苗床。苗床宽1～1.2米，长6～8米。

（2）分苗方法　选择晴天上午分苗，将穴盘中的正常苗带坨起出，移入塑料营养钵内（分苗移植所需营养土的配制方法与播种时的营养土相同），移入苗床浇透水。根据育苗环境，需要时在苗床上搭小拱棚保温。

6. **分苗后的管理**

(1)温度管理　缓苗期间(4～6天)密闭棚膜,草苫晚揭早盖,尽量提高温度,促进缓苗,白天25℃～30℃,夜间18℃～20℃。缓苗后开始通风降温,草苫及时揭盖,尽量延长光照时间,白天温度18℃～20℃,夜间13℃～15℃。定植前6～8天加强通风,降温炼苗。白天温度16℃～20℃,夜温8℃～12℃,短时6℃～8℃。

(2)水肥管理　营养钵育苗,水分散失快,根据幼苗生长状况,发现幼苗叶色深,生长缓慢等缺水现象时,选择晴天上午适量喷浇水。育苗期间出现幼苗生长细弱,叶色浅等缺肥现象时,可以结合浇水适当补充氮肥(尿素),也可以叶面喷施0.2%～0.3%尿素和磷酸二氢钾。

其他方面管理可以参考大棚早春番茄育苗部分进行处理。

(三)定植前的准备

大棚的整修请参照大棚早春番茄的相关部分进行处理。定植前20天左右扣棚膜(方法见大棚早春番茄)烤地升温。通风口、门口要设置防虫网,土地化冻后尽早耕翻土地。每667平方米施腐熟农家肥7～8立方米、氮磷钾复合肥50～80千克做基肥,深翻30厘米,耙碎整平。对多年大棚,烤地期间要消毒(方法参照日光温室进行),定植前5～6天做畦。方法按1.6～1.8米间距开东西走向的沟(沟宽0.5米左右,沟深0.3～0.4米),在沟内每667平方米撒施过磷酸钙50千克,与土相混后在沟内浇水,水渗入后平沟,并以沟为中心培龟背形高畦(宽80厘米,中部高10厘米)。采用滴灌的,在畦面铺设2条滴灌软管,然后在畦面覆盖地膜,进行保墒、提墒和提高地温。

(四)定　植

棚内最低气温稳定在5℃以上，10厘米地温稳定在10℃以上时，选择晴天上午进行定植。每个高畦定植2行，2行之间间距50厘米，株距30～35厘米，每667平方米栽植2 000～2 700株。按株行距打坑，浇水栽苗(确保土坨湿透)，再点浇，水渗入后埋土封好定植口。

(五)定植后的管理

1. 缓苗期　缓苗期间关键是防寒保温促缓苗。密闭所有风口，必要时夜间在高畦上加扣小拱棚。此期棚内适温白天25℃～30℃，夜间15℃～18℃。如果棚内凌晨最低气温低于5℃，要注意采取措施防冻害。另外，缓苗期间，大棚处于较密闭状态，要注意预防棚内因施用未腐熟肥料而产生的有毒气体的危害。一旦发现，要及时通风换气。

2. 缓苗后到坐果

(1)温度　幼苗地下长出新根，地上心叶开始生长，即表明缓苗期已过。缓苗期过后，正常天气棚温上午达到25℃时开始放风，保持棚温23℃～25℃，下午18℃～20℃，并关闭通风口，夜间维持13℃～15℃为好。

(2)水肥管理　定植后5～7天，幼苗开始恢复生长，选择晴天上午浇缓苗水。如果幼苗细弱，结合浇水每667平方米追施尿素10～15千克。

(3)中耕松土　浇缓苗水2～3天后，地面干湿适宜时，及时对大行间(未覆盖地膜部分)进行中耕松土。直到浇催果水前中耕3～4次，以促进番茄根系向土壤深层伸展，为越夏长期生长打好基础。

(4)设吊绳　在植株上方距地面2米高度，在定植行上方设置1道$10^{\#}$铁丝，每株用1条尼龙绳作吊绳。吊绳下端固定一个10厘米长的木橛，插入植株旁的畦面土里，吊绳上端用活动挂钩挂在铁丝上。当番茄植株不能直立时，及时用吊绳绕蔓，以后随着植株伸长生长及时进行绕扶。

(5)保花保果　植株进入开花期后，每天上午9～10时，用促进坐果的生长调节剂处理当天开放的花朵，具体用药浓度和处理方法与大棚早春番茄相同。

3.坐果后的管理

(1)通风调温降湿　进入座果期(第一穗果坐果到采收开始)，外界气温逐步升高，果实不断增多并膨大生长。随着浇水增多，大棚要注意通风，以降低棚内湿度(相对湿度保持在50%～60%)，控制好温度，预防病害发生。上午棚温升到25℃开始通风，使棚温在23℃～25℃，下午维持20℃左右，夜间15℃～18℃。

(2)水肥　第一穗果达到核桃大小时，开始浇催果水。并配合浇水，每667平方米追施尿素10千克，磷酸二铵15千克。4月根据天气和植株生长状况，8～10天浇1次水。5月以后，坐果量增多，通风量加大，水分消耗多，以6～8天浇1次水为宜。长1穗果追施1次肥料，每次追肥数量同上。

(3)疏花疏果　为了确保植株发育健壮和果实质量，要及时进行疏花疏果。每个花序开花达4个以上时要进行疏花，去掉畸形花和前端过多的小花蕾，保持5～7个正常花。每个果穗最大果实达到红果大小时，及时进行疏果。第一穗保留3～4个果，第二穗以上保留4～5个果。疏去病果、畸形果和过小果实。

(4)植株管理　采用单秆整枝，侧枝长到8～10厘米时开始去侧枝，以后随着绕蔓等管理随时摘除侧枝，保持主蔓生长优势。另外，成熟果穗以下的叶片已经老化，光合功能很低，有这部分叶片存在，下部通风透光不良，容易诱发病害。所以，要随着收获果实的上移，摘除成熟果穗以下的叶片。为了预防病菌从伤口侵入，要在晴天中午前后去侧枝、摘除老化叶片，有利于伤口愈合，减少病菌侵入的机会。番茄茎蔓长到吊绳顶端后，去掉下部病叶、老叶。待伤口愈合后，把无叶无果的茎降到地面上，排列在高畦两侧。注意不要脚踩茎蔓，以防伤蔓后感染病害烂蔓。最好将落地蔓用土埋住，促进产生不定根。

4. **越夏管理** 6月过后，进入高温多雨季节，栽培上要及时采取一系列措施，减轻高温多雨带来的危害。

(1)通风　把大棚四周围膜撩起80～100厘米，用20～30目防虫网封好，形成一个棚顶有膜遮荫防雨、四周最大限度进行通风的大棚。

(2)灵活运用遮阳网进行遮荫降温　在10～16时太阳光强烈时，在大棚膜外加设遮阳网进行遮荫降温。阴天或太阳光不强时撤掉遮阳网，切忌一盖到底。有关试验表明，采用两网一膜措施，中午能使畦面土温下降5℃～7℃，棚内气温降低3℃～4℃。

(3)防止雨水进棚或雨淋植株　生产上要在进入雨季前，在大棚四周挖好防水沟，降雨时及时放下围膜，降雨过后及时揭开。确保从棚膜上流下的水进沟，外边的雨水不能流入棚内。生产中经常发生刚浇过水，而降雨时雨水又流进棚内，或雨水直接淋浇植株的情况，从而导致番茄发生各种病害，给管理上带来极大麻烦。

(4)水分管理　夏季浇水很关键，不能在中午前后浇水。高畦定植的，要在傍晚浇水，一次浇水不要过多，可勤浇过膛水，以利于降低棚内夜温和过高的地温；平畦定植的，可在早晨地温较低的时候浇水，避免凉水对番茄茎部刺激而引发茎基腐病。

5. **秋季管理** 大棚越夏番茄3月中旬至4月中旬定植，管理适当一直可生长到当地初霜后半个月。进入秋季后要加强水肥管理，当夜间温度低于15℃时，逐渐缩小风口面积，白天要充分通风，棚内温度尽量保持白天20℃～25℃，夜间10℃～15℃。随着外界温度的进一步下降，进一步减少通风口面积，直至将下部薄膜盖严，保持比较适宜的棚温，延长生长期。为保证所留果实的充分膨大生长，形成商品果，在番茄拉秧前30天左右停止用生长调节剂蘸花，并在番茄顶端果穗之上留2片叶后去顶尖。

6. **病虫害防治** 大棚越夏番茄长期栽培的病虫害，主要是叶霉病、晚疫病、脐腐病、病毒病和美洲斑潜蝇，栽培防病可参照其他栽培形式的有关部分进行处理，具体防治方法参见第六章。

（六）收获与贮藏

在春、夏、秋季，果实80%面积着色后就可采收上市。有特殊要求的可以按早春棚内番茄采收标准酌情处理。到秋末当地外界最低气温降到3℃～5℃时，棚内番茄几乎停止生长。植株上的果实要一次收清，红熟的果实上市销售，对未红果实带把采收，进行短期贮藏，方法见大棚秋番茄部分。

四、大棚秋番茄栽培技术

大棚栽培秋番茄，也是目前大棚蔬菜生产主要茬口之一，果实经过后期贮藏可供应到元旦节。大棚秋番茄和大棚春番茄相比，生长期间的气候环境正好相反，育苗期高温多雨，后期又受低温影响，适宜番茄生长的时间较短，所以栽培技术难度较大。正因为栽培难度大，若管理适当，能获得较高的经济效益。

(一)品种选择

幼苗生长期正处于高温季节，容易遭受病毒病危害。另外，大棚保温性能差，后期的青熟果实需要贮藏后销售，所以要选择果皮较厚、耐贮藏、耐热、抗病毒病的中熟或中晚熟品种。目前生产上表现较好的品种有双抗 2 号、中蔬 4 号、L-402、中杂 9 号、晋番茄 4 号、98-8 等。

(二)培育壮苗

采用育苗移植，苗床面积小，便于遮荫防雨防虫，还能节省用种，定植时可充分选择优质苗。栽植 667 平方米的番茄需备种子 50 克。但育苗移植中容易损伤根系，降低秧苗的抗逆性能，所以有使病毒病加重的可能性。育苗移植要从各个环节着手，重在防病。

1. **播种适期**　大棚秋番茄播种早，受高温影响大，病毒病发生严重，产量无保障。如果播种延迟，病毒病虽然发病轻，但因受后期低温影响，番茄生长期不足，上部果实有的不能长成商品果，产量同样受影响。适宜的播种期，各地在当地初霜前 100 天播种为宜。例如北京、天津地区宜在 7 月上中旬播种育苗（北京、天津地区初霜期为 10 月中旬前后）。

2. **准备育苗床**　在大棚附近，选择适宜地块做育苗床，具体做法见第二章育苗床种类与选择。苗床宽 1～1.2 米，长 8～10 米，每 667 平方米需要苗床 20 平方米。

配制营养土：肥沃园田土 3/4，腐熟优质圈肥 1/4，注意不能使用种植茄果类蔬菜地的园田土，最好使用黄瓜地的园田土。土壤肥力高，可适当减少施肥量，有利于降低营养土的温度，减轻病毒病的发生。土肥混匀后装营养钵（钵内装七成土），排在苗床上待播种。

3. **种子消毒** 播种前将种子用清水浸泡3～4小时，漂去不饱满的种子，用10%磷酸三钠溶液浸泡种子20～30分钟，然后用清水搓洗2～3遍，把种子皮明水晾干后播种。也可以用0.1%高锰酸钾溶液浸泡2～3小时，用清水洗净，漂去不饱满种子，晾干种皮后播种，对控制病毒病有较好的作用。

4. **营养钵育苗播种** 播种前把苗床和营养钵浇透水。在每个营养钵中播2～3粒种子，覆土1厘米。

5. **大棚直播** 在大棚内直接播种，幼苗不移植，抗病能力强。但棚顶膜覆盖早，老化快。直接播种，每栽培667平方米需要番茄种子100～150克。

在直播前每667平方米施充分腐熟的农家肥3～5立方米，通过耕翻细耙，使土肥充分混匀。做高畦，宽60～70厘米，高畦中部高10厘米，呈龟背形。高畦与高畦之间沟宽60厘米，在高畦两侧划播种沟，沟深2厘米（高畦上两行间距45～50厘米）。在沟内按30厘米左右间距点播3～4粒种子（每粒种子间距2～3厘米），播种后覆盖细土1厘米。用铁锹轻轻拍一遍。

6. **播种后的管理** 秋番茄苗期处于高温多雨季节，管理的主要目标是遮荫降温防雨，保全苗，培育壮苗，搞好病虫害防治。

（1）育苗播种后的管理 播种后要搞好遮荫防雨，为种子尽快发芽出土创造适宜环境，床温保持30℃左右，不要过高。在种芽拱土将要出苗时，上一遍细潮土，防止种苗带帽出土。在幼苗出齐后，及时进行第一次疏苗，疏去弱苗，防止多棵苗挤在一起造成徒长。在幼苗长出1片真叶后及时定苗，每钵留1棵壮苗，其余的掐去。为防止吸烟人双手传播病毒，间苗前手要消毒，用0.01%高锰酸钾溶液洗手。育苗期间，逢雨天，要严防雨水淋苗或雨水流入苗床，万一雨水流入苗床要及时排出，以免造成涝害。另外在幼苗期间，喷1～2次防治蚜虫的药剂，防止引发病毒病。在幼苗长到3片叶时，应逐渐减少遮荫时间，进行强光锻炼，幼苗长到4片叶时即可定植。苗龄15～20天。

(2)直播苗期管理

①浇水：播种后马上在沟内浇水，在种苗出土前每天浇1次小水，浇3～4次水后出齐苗。在第一片真叶展开时再浇1次小水，以后适当控制浇水，防徒长。

②间苗：间苗的方法基本与育苗的相同，不同之处是直播营养面积大，间苗的时间要根据田间生长状况适当后延。幼苗间距小的，有徒长可能的，要早间苗疏苗；反之，则适当晚间苗，以利于充分选择优质壮苗。

③及时补苗：出苗后如果发现有缺苗处，应该在1～2片叶时，尽早从苗多的地方带坨起苗，进行补苗。

④中耕除草：在不损伤幼苗根系的情况下，在浇水后或降雨后及时进行浅中耕，及时除去田间杂草。

⑤扣棚膜遮荫防雨：播种前后尽早扣棚膜，起到防雨和遮荫降温的作用。棚四周下部1米左右不盖膜，用防虫网封严，有利于通风和防蚜虫。

⑥打药防蚜虫：由于蚜虫是传播病毒的主要媒介，幼苗生长期间，要注意防治蚜虫，尤其在未覆盖防虫网的情况下，不能忽略此项工作。具体用药种类、浓度和方法，参见第六章。

（三）定苗或定植

1．定苗　大棚直播番茄，应该根据田间幼苗生长状况，最晚在同穴位的秧苗枝叶相互有接触时进行定苗，每穴位选留 1 株健壮的幼苗，其余的在地表处剪掉，最好不要拔苗，避免损伤所留秧苗的根系。

2．定植　秋番茄育苗移植，为了最大程度减轻因定植伤根对秧苗生长带来的不利影响，一般育小苗（日历苗龄 20 天左右），秧苗长到 3～5 片叶时，及早定植，减少伤根，有利于加快缓苗。

前茬蔬菜收获后，要尽快净茬施肥翻地，耕地前每 667 平方米施腐熟农家肥 3 000～4 000 千克，做平畦，畦宽 1.1～1.2 米。地势较低的做高畦，高畦宽 60 厘米，高畦中部高 10～15 厘米，高畦之间沟宽 60 厘米。

定植要选择阴天或午后温度较低时进行，每畦种植 2 行。平畦开沟，高畦挖坑，栽苗后马上浇大水，降低地温以利于缓苗。定植密度，每株留 2 穗果时，每 667 平方米定植 4 000～4 500 株，行距 50～55 厘米，株距 28～30 厘米；每株留 3 穗果时，每 667 平方米定植 3 500～4 000 株，行距 50～55 厘米，株距 35 厘米左右。

（四）定苗或定植后的管理

1．水肥管理　此时温度高，不利于番茄正常生长，容易诱发病毒病。为了降温保护番茄幼苗正常生长，定植后或定苗后不要过分蹲苗和深中耕。在第一穗花坐果前，要根据天气情况进行浇水。天旱采取小水勤浇，直播的浇 3～4 次水，移植的浇 2～3 次水，浇水在早晨（平畦）或傍晚（高畦）为好。当第一穗果长到核桃大小时，结合浇水追肥，每 667 平方米追施尿素 20～25 千克，或硫酸铵 40 千克，可促进果实膨大生长。这次追肥过早会出现疯秧，追肥过晚会影响第二穗果的坐果与膨大生长。在第一穗果收获前后，正值第二穗果膨大生长时，再结合浇水追1次肥。以后随着温度降低，逐渐减少浇水。在大棚下部薄膜固定后，水分散失减慢，则停止浇水。

2. **中耕除草** 定植后4～6天，浇过缓苗水以后，开始进行中耕；对直播番茄在每次浇水后进行中耕。秋番茄中耕宜浅不宜深，通过中耕可改善土壤的透气性，并能及时铲除田间杂草。所以，在不损伤根系的情况下，多次中耕有利于植株健壮生长，坐果以后停止中耕，避免损伤根系。

3. **防植株徒长** 由于天气炎热，温度高，秋番茄容易徒长。在定植缓苗后或定苗后，到第一花序开花前，每8～10天喷洒1次0.1%矮壮素溶液，可有效防止植株徒长。

4. **防落花** 秋番茄前期花受高温天气的影响，生长发育不正常时，会出现花色浅、花瓣小、萼片长等现象。为防止番茄落花，促进果实膨大，可使用15毫克/升2,4-D溶液或30毫克/升番茄灵溶液蘸花。注意浓度不能过大，以免出现药害。

5. **插架绑蔓** 植株不能直立时，要及时插架或设置吊绳，每生长2～3片叶，绑1次蔓或绕绳扶蔓，防止植株东倒西歪(参考大棚早春番茄部分)。

6. **植株调整** 秋番茄植株生长快，如果整枝不及时，容易造成疯秧。秋番茄也采用单秆整枝，结合绑蔓摘除全部侧枝。距离当地早霜前30～35天摘除顶尖，在顶部果穗上留2片叶。通过摘除顶尖，能集中营养，保证所留果实充分膨大。另外，下部成熟果实下边的叶片，可以逐渐摘除，有利于加强下部通风防病。

7. **疏花疏果** 每个花序开花后进行1次疏花，摘除畸形花和前部过多小花，保留5～7个较好的花。坐果后还要进行疏果，摘除畸形果和有病虫的果实，每穗留3～4个大小整齐的果实。这是取得优质果实的重要措施之一。

8. **棚膜管理** 当地夜温在15℃以上时，只盖棚顶膜，棚下部1米高不盖膜，用防虫网封好。棚顶设有通风口的大棚，在棚内温度高过30℃时，要充分利用棚顶风口和棚下部风口进行通风降温。太阳光过强时，利用遮阳网进行遮荫降温。降雨时要注意顶风口的开关，防止雨水进入棚内。

当夜间温度低于15℃时，要把大棚四周薄膜上好，白天揭开通风，夜间关闭，尽量保持棚内白天20℃～25℃，夜间13℃～15℃。随着夜间温度降低，除夜间密闭风口外，还可在棚外四周围盖草苫，增加保温能力，尽量延长生长期，确保上部果实充分膨大形成商品果实。

9. **病虫害防治** 大棚秋番茄主要病害是早疫病、晚疫病、茎基腐病、叶霉病和病毒病，虫害主要是白粉虱、蚜虫、美洲潜叶蝇等。有关各种病虫害的防治参见第六章。

（五）收获与贮藏

番茄果实顶部着色达全果表面积1/4时即可采收，但考虑秋番茄是随时间后延价格升高这一特点，可以延迟到果实全部着色（但果实未变软）后采收出售。到当地棚外气温降到3℃～5℃时，棚内番茄已经停止生长，要把番茄果实一次全部采收，防止果实受冻害。将成熟的果实上市销售，对未红果实带把采收，分类进行贮藏。通常可以贮藏在日光温室或空闲房屋中。贮藏番茄果实前，室内用硫黄熏蒸2～3天，进行消毒。在地面上铺上草苫或稻草，将无病果实码放3～4层，在番茄果实上面盖上草苫防寒保温。在番茄果实贮藏期间，避免太阳光直射果实。贮藏温度，开始着色果实保持1℃～3℃，未着色果实保持10℃～15℃，空气相对湿度70%～80%。贮藏期间

4～5 天翻倒 1 次果实，将着色果实上市，同时挑出烂果和病果。

思考题

1．当地大棚早春番茄一般何时播种、何时定植、何时拉秧？为什么？

2．当地大棚秋番茄一般何时播种、何时定植、何时拉秧？为什么？

3．早春大棚番茄定植标准是什么？

4．早春棚内番茄为什么要用生长调节剂蘸花？应用生长调节剂的种类、浓度和方法如何掌握？浓度过大会出现什么情况？

5．番茄如何疏花疏果？疏花疏果主要作用是什么？

6．当地早春大棚番茄如何整地做畦、定植？有什么优缺点？

7．大棚越夏番茄长期栽培主要采取哪些措施？主要作用是什么？

8．大棚秋番茄未红果实如何贮藏？

第五章　日光温室番茄栽培技术

一、日光温室番茄生产安排

利用日光温室栽培番茄，主要有早春番茄栽培、秋冬番茄栽培和越冬番茄栽培 3 种形式。

（一）日光温室早春番茄栽培

一般是从 11 月下旬至 12 月上旬在温室中播种育苗，日历苗龄 60～70 天，2 月上中旬定植，4 月上旬开始采收，采收期 40 天左右，每 667 平方米产 5 000 千克以上。

（二）日光温室秋冬番茄栽培

一般是在 7 月下旬至 8 月上旬利用遮荫防雨棚播种育苗，日历苗龄 20～30 天，8 月中旬至 9 月上旬定植，采收期是 10 月上旬至翌年 1 月中下旬，每 667 平方米产 4 000 千克以上。

（三）日光温室越冬番茄栽培

一般是在 9 月中旬播种育苗，日历苗龄 30 天左右，10 月中旬定植，采收期从 12 月中旬到翌年 4 月中旬，每 667 平方米产 7 000 千克以上。

二、日光温室早春番茄栽培技术

（一）品种选择

各地要根据当地番茄病害发生状况，选择抗病、高产品种，另外根据市场需求，注意果实大小、颜色、品味及耐运等性状的选择。做到不仅高产，还要好销售，以取得好的经济效益。目前生产上表现比较好的品种有中杂9号、毛粉802、L-401等。关于品种的特征特性参见第三章。

(二)培育壮苗

1. **播种适期** 各地根据当地番茄的定植时期(一般在2月上中旬)和番茄育苗所需天数(一般育苗方式需60～70天)，可推算出当地番茄播种的适宜时期。例如北京、天津地区，在2月上中旬定植，播种适期是11月底至12月上旬。

2. **播种前的准备** 番茄育苗正在严寒冬季，一般采用二级育苗方式(先在温床或育苗盘中播种育苗，到幼苗长到2～3片叶时，在温室分苗移植育成苗)。播种前要做好各项准备。

(1)备足种子 品种确定后，根据实际栽培面积备足种子。每栽培667平方米的番茄需要种子40～50克，依此计算备种量。

(2)准备播种床 播种床有电热温床、酿热温床、热水温床等。在播种面积较大、用苗数量多的情况下，最好选用电热温床做播种床，不具备用电条件时，可选择其他温床或者采用温室加温播种育苗。制作温床的方法参见第二章。播种苗床土要求肥沃、疏松，具有一定的保水保肥能力。在分苗移植时，好起苗，伤根少。按体积计算，1/3大田表土，1/3细炉灰，1/3腐熟农家肥。

(3)浸种催芽 用少量清水把番茄种子润湿，然后倒入50℃～55℃热水中，烫种15～20分钟，倒入热水时要不停搅动，并用加热水的方法保持水温和烫种时间，以确保杀菌效果。烫种到时间后立刻加冷水降温到30℃以下，种子捞出冲洗后换温水(30℃左右)继续浸泡5～6小时。用清水把种子搓洗干净，直到感觉种子表皮不黏滑为止。用纱布袋装好种子甩去过多的明水，放到瓦盆内盖上干净潮毛巾保湿，置于25℃～30℃的环境下催芽。若温湿度以及空气等条件适宜，3天即可出芽。在催芽过程中，每天活动种子2～3次，加强透气并使其受温一致、出芽整齐。每天用温水(25℃～30℃)淘洗1次种子，保持适宜水分，洁净种皮，为发芽创造适宜环境。出芽后(芽长达种子横径长)即可播种。如果天气不好不能及时播种，把种子用冷水过一下，放在8℃～10℃的冷凉处保湿蹲芽，天气好转后尽快播种。

3. **播种**　选择晴天上午播种。提前1天浇足底水(营养土层要浇透)，在床面盖地膜保湿，提高床土温度，待床土温度达到20℃左右时播种。为将种子撒均匀，在种子中掺入部分细沙或细土，使种子不抱团，将种子分2次均匀地撒在床面上。为预防苗期病害，在播种前后覆盖药土(每平方米苗床用50%多菌灵7～8克与100倍细土混合均匀，播种前后各撒1/2)，最后种子上面覆盖过筛细土1厘米，盖地膜保湿。

4. **播种后的管理**　播种到分苗，主要是控制温度，及时疏苗、间苗和分次覆土。

(1)温度管理

①播种到出苗：为使幼苗尽快出土，尽量提高温度，白天气温最好达到28℃～30℃，夜间18℃～20℃，床土温度20℃～25℃。管理上要充分利用加温措施和保温覆盖，白天密闭薄膜、通风口，温室草苫晚揭早盖，争取保持适宜温度。

②出苗到展开2片真叶：是幼苗下胚轴最容易伸长形成高脚苗的关键时期。幼苗一出土就要降低温度，尤其是阴天和夜间温度高，最容易造成幼苗徒长。此阶段适宜温度，白天20℃～25℃，夜间12℃～14℃，土温18℃～20℃。管理上在温

度达到要求的情况下，温床上的小棚要去掉，温室草苫尽量适时覆盖，让幼苗多接受光照。

③分苗前4～5天：即分苗前降温锻炼幼苗。通过降温控制幼苗生长速度，使幼苗更壮实，有利于分苗后快速缓苗。这个阶段适宜温度白天15℃～20℃，夜间10℃～12℃。管理上温室草苫要早揭晚盖，白天温度过高时要适当通风。

(2)间苗　为了防止幼苗拥挤徒长，要及时疏苗间苗，保证每棵幼苗都具有一定的营养面积。在幼苗出土、子叶展平、出心叶时，进行第一次疏苗，拔除苗床上的杂草，疏除弱苗、畸形苗，使苗苗独棵，不存在双棵，更不能多棵在一起。幼苗展开1片真叶时，进行第二次间苗，进一步淘汰劣质苗，使幼苗间距达到1.5～2厘米。

(3)分次覆土　冬季育苗，天寒，室内温度低，除播种时浇足底水外，一直到分苗前不再浇水，主要通过覆土来进行保墒。一般在种芽拱土、幼苗出齐和间苗后3个时期覆土。覆土选择晴天中午前后、幼苗叶片上无水珠后进行，每次覆土厚度0.2～0.3厘米，覆土要均匀一致。

5. 分苗　番茄幼苗长到2～3片叶时，要及时向分苗苗床移植，扩大幼苗的营养面积。

(1)准备分苗苗床　选择光照条件好的位置，做东西走向苗床，宽1米，长6～8米。在苗床直接分苗时，每个苗床撒施过筛腐熟农家肥100～150千克，与床土充分混匀，耙平待分苗。如果用营养钵分苗，床土按园土40%、腐熟农家肥30%、腐熟马粪30%的比例混合，在每立方米混合土中加硫酸铵或磷酸二铵1千克、过磷酸钙1～2千克。混合后过筛制成营养土。在苗床内把营养钵排好，内装七成营养土。分苗前1～2天浇水洇透营养土，盖膜保墒增温，待分苗。

(2)分苗方法　选择晴天上午进行分苗。向分苗床分苗时，从分苗床一端按10厘米行距开沟浇水，在沟内按10厘米苗距栽苗，苗栽齐后再在沟内浇1次水，水渗入后推土平沟，逐行进行。向营养钵内分苗时，每钵植1棵壮苗，点水后盖土。注意栽苗深度不要过深，否则不利于尽快缓苗，甚至造成死苗。

6. **分苗后的管理**

(1)温度管理

①分苗到缓苗：是幼苗长新根的缓苗恢复生长时期，要求较高的温度，白天室内温度25℃～30℃，夜间18℃～20℃。管理上主要是增温保温，把棚膜密封好，草苫晚揭早盖，温度不够要采取加温措施。

②缓苗到定植前1周：幼苗长出新根，恢复了正常生长，温度进行正常管理。与缓苗期相比，要适当降低温度，预防徒长。这个时期是番茄幼苗生长重要时期，一方面形成秧苗的枝叶和根系；另一方面要进行花芽分化，今后能否形成正常花朵，长成正常果实与此时的温度管理有直接关系。如果温度过低，以后畸形果会增多。所以适宜的温度和良好的光照是这一时期管理的重点。白天室内温度20℃～25℃，夜间13℃～15℃。管理上要及时揭盖草苫，保持棚膜清洁。遇上连阴天，要在幼苗不受寒害的情况下，尽量多接受散射光。

③定植前1周：即降温锻炼秧苗。因为幼苗是定植在日光温室，温度条件比大棚要好，所以锻炼秧苗的强度要比早春大棚番茄秧苗低(过分锻炼对幼苗发育不利)。管理上要适度通风降温，温室草苫适当早揭晚盖，多见光，白天室内温度16℃～20℃，夜间10℃～15℃。经过定植前锻炼秧苗，使幼苗能适应定植后的环境，缓苗快。

(2)水肥管理　早春番茄育苗时间长，如果育苗期间出现秧苗叶色深绿、生长缓慢、幼苗矮小等缺水现象时，应该选择晴天上午温度较高时，进行喷浇补充水分。尤其是应用营养钵育苗，水分蒸发快，中途出现缺水，更要注意及时补充水分。如果秧苗生长弱小需要补肥时，可以结合补水加入适量尿素(900倍液左右)。幼苗不缺水而缺肥时，可以叶面喷施尿素和磷酸二氢钾300倍液2～4次。

(3)倒苗 使用营养钵育苗，若中途因苗床中温度或水分不同，造成秧苗大小不齐时，要选择晴天进行倒苗。大小苗分开，集中补水补肥，区别管理，争取培育大小整齐一致的壮苗。

(4)囤苗 在苗床直接分苗的秧苗，在定植前4～5天浇1次透水。待床土适宜切块起坨时，按营养面积大小切块起坨，再整齐地排在苗床上，用细潮土封埋坨间空隙以利于保墒。囤苗4～5天后定植。通过囤苗，抑制秧苗生长过快，土坨不散伤根少，定植后缓苗快。

(5)壮苗形态 土坨完整，根系发达，苗高20～25厘米，早熟品种6～8片叶，中熟品种8～9片叶。叶色深绿，茎粗0.6～0.7厘米，第一花序现蕾。

(三)定植前的准备

定植前要做好维修日光温室拱架、修补并扣好薄膜、施肥整地和日光温室消毒等准备工作。

1. **维修拱架** 春季风多风大，必须认真修整日光温室拱架，尤其对竹木结构和竹木钢筋混合结构的日光温室，对拱架腐朽或变形的要修整好。只有拱架牢固、平整，才能使日光温室薄膜舒展、张紧，有利于采光、排水和保证薄膜使用寿命，为安全生产打好基础。

2. **修补、扣好薄膜** 继续使用前茬蔬菜用过的薄膜，在定植前用透明胶带纸修补破裂孔洞，确保密封和保温性能。对于新日光温室或重新覆盖新薄膜时，为充分、合理利用采光窗薄膜风口通风，要采用三块膜覆盖法：就是在采光窗下部为1米宽一块膜，采光窗上部为80～100厘米宽一块膜，中部一块膜。前期温度低，利用顶部二块膜重叠处扒缝通风，中后期配合使用下部二块膜重叠处扒缝通风。

3．**施肥整地** 在定植前10～15天，净茬施肥整地。每667平方米施腐熟农家肥6～8立方米，过磷酸钙50～100千克，根据前茬蔬菜施肥多少酌量增减。翻地(25厘米左右)2遍，土肥混匀，耙碎整平，在定植前4～5天做高畦，覆地膜。高畦呈龟背形，宽70厘米，中部高10厘米，高畦与高畦之间沟宽50厘米左右。做畦方法：南北走向，东西按1.2米左右间距开沟(宽30厘米、深15～20厘米)，在沟内每667平方米施饼肥80～100千克，与土相混后浇沟水，水渗入后平沟并刨沟做高畦。高畦面整平后覆地膜，过4～5天，高畦土壤湿润好，地温回升后便可定植秧苗。

4．**日光温室消毒** 对于使用过的旧温室，定植前4～5天要进行消毒，尽量做到消灭病源和虫源。方法：密闭棚膜和所有的通气空隙，每667平方米使用500～800克45%百菌清烟剂或500～800克灭蚜灵烟剂，分3～5处点燃，闷棚2～3天。定植前充分通风放净毒气。

(四)定　植

高畦10厘米地温达到12℃以上时，选择晴天上午定植。每个高畦定植2行，株距30厘米左右，每667平方米栽植3 500～4 000株。按预定株行距挖坑，选择土坨完整的壮苗置入坑内，点水浇坑(要浇透土坨)，水渗入后埋土封定植口。

(五)定植后的管理

1．**缓苗期的管理** 从定植到幼苗地下长出新根，地上心叶开始生长的过程为缓苗过程，一般需要5～7天。在缓苗期间要密闭风口，揭草苫以太阳照满温室全部草苫为基准，晚揭早盖。保持温室内较高的温度和湿度，加速缓苗。在缓苗期保持室内白天25℃～30℃，夜间15℃～17℃。另外，定植前要施大量有机肥和各种化肥，缓苗期要密闭棚膜。如果肥料腐熟不充分，容易放出有害气体（氨气）危害幼苗。一般棚室内空气中氨气含量达到5微升/升，就会造成毒害。所以，在缓苗期可用pH试纸蘸棚膜水滴，然后与标准比色纸对比，当pH值达到8.2时，可认为要发生氨气危害，要及时通风换气，排除有害气体。

2. 缓苗后到采收前的管理

（1）温度管理　缓苗以后，上午室内温度达到28℃左右开始通顶风，白天保持23℃～25℃，下午20℃时关闭风口，18℃～20℃时盖草苫，夜间保持14℃～15℃。

（2）浇水追肥　定植后5～7天，幼苗开始生长，表明缓苗期已过。此时选择晴天上午浇缓苗水。为了把苗蹲好，缓苗水要浇透。如果幼苗不健壮，配合浇缓苗水追1次肥，每667平方米冲施腐熟人粪尿400～500千克，没有液肥的可追施尿素10千克。到第一穗果实达到核桃大小时，开始浇催果水，配合浇水每667平方米追施氮磷钾复合肥25千克。

（3）中耕松土　浇缓苗水以后，土壤干湿适宜时，尽早中耕松土，一直到搭架，中耕2～3次。以提高地温，改善土壤透气性，促进番茄根系向土壤深层发展，扩大吸收范围。

（4）搭架绑蔓　在番茄植株不能直立前搭架。早春番茄一般留3～4穗果，架高1.2～1.5米，目前大多采用吊蔓。利用日光温室拱架或拉杆，在室内东西走向拉3～4道拉丝，然后在拉丝上对准每行番茄植株拉1道细铁丝，在细铁丝上对准每株番茄固定1条吊绳，吊绳下端系在番茄植株基部，或者绑上1个木棍插入土中。用吊绳将番茄蔓绕住，以后随着植株伸长生长，每长出2～3片叶绕扶1次。

(5)整枝、打杈、摘心　日光温室早春番茄均采用单秆整枝，即只留主蔓，侧枝一律摘除。考虑侧枝摘除过早，不利于根系生长，每株第一次去侧枝要到侧枝生长到10厘米后进行。植株长大以后要随出侧枝随除去，有利于节省养分，便于通风透光。摘心有利于果实早熟，一般在预留顶部的果穗上面留2～3片叶摘除生长点。打杈、绕蔓或绑蔓以及摘心，要选择晴天中午前后进行，以利于伤口愈合，减少伤口感染病菌。

(6)生长调节剂蘸花保果　早春日光温室内白天温度高，夜间温度低，不利于番茄正常授粉坐果，生产上要用促进坐果的生长调节剂处理。番茄进入开花期后，每大上午9～10时，对当天开放的花进行处理。具体使用的生长调节剂种类、浓度和方法，参考第四章大棚早春番茄有关部分。另外，开始用生长调节剂处理花时，对番茄植株特别细弱的，应推迟处理，加强水肥管理，待番茄植株发育正常后再处理。若对细弱植株进行蘸花处理，加快了果实的生长，而不利于番茄植株的生长，最后植株长不好，无法长出优质果实。

(7)疏花疏果　早春番茄，幼苗是在冬季培育，第一花序第一朵花多数是畸形花(花大，花瓣多，花柱带状)，要尽早去掉，避免形成畸形果，既造成养分浪费，又影响其他正常果实的膨大生长。每个果穗坐果后要尽早地进行疏果，尽量选留大小比较一致、果形周正、无病虫害的优质果。大果型品种每穗留3～4个，中果型品种每穗留4～5个，小果型品种，应去掉果穗前端的过小果和花蕾，以使整穗果实大小比较整齐为原则。

(8)果实催熟　为争取早上市，番茄果实达到白熟期(果实大小已定型、果皮由绿变白时为白熟期)时,使用乙烯利溶液进行处理,可使果实提前3～5天成熟。具体处理方法参考第四章大棚早春番茄果实催熟部分。

3. **结果期的管理**

(1)温度管理　进入结果期以后,要加大通风量,上午室温上升到25℃时开始通风。白天气温保持20℃～25℃,夜间15℃～18℃,空气相对湿度控制在70%以下。外界最低气温稳定在10℃以上时,昼夜通风,外界最低气温稳定在15℃后可以去掉棚膜。

(2)水肥管理　浇过催果水以后,果实便进入迅速膨大生长期,植株不断长高,需水肥数量也不断增加。管理上在3～4月,每隔8～10天浇1次水;4月以后,每隔5～6天浇1次水。追肥是配合浇水进行的,可以按收1穗果追1次肥。前期温度较低,可以冲施腐熟的人粪尿或沼渣沼液,每次每667平方米追施300～400千克;中后期追施氮磷钾复合肥,每次每667平方米追施25千克左右。或者选择追施专用蔬菜肥。

(3)植株管理　照常进行绕蔓(或绑蔓)和打杈管理。另外,随着果实由下到上不断采收,成熟果以下的叶片已老化,要随着果实的采收去掉下部病叶、老叶,加强下部通风透气,以减轻病虫危害。

4. **病虫害防治**　日光温室早春番茄主要病害为叶霉病和灰霉病。栽培管理上,注意种植密度不能过大,及时整枝打杈,保持植株群体不郁闭。浇水后注意加强通风排湿,遇阴天及时用烟雾剂防病,一旦发现病害后及时对症下药进行防治。主要虫害是白粉虱和美洲斑潜蝇,为此,风口处要设置防虫网(20～30目),阻止外界害虫进入室内,棚内可以设置黄板诱杀白粉虱。在棚膜能密闭的情况下,最好选用烟熏剂防治。具体用药种类和方法，参见第六章。

（六）收　获

当天上市，在果实 2/3 着色时采收为宜。需要远距离运输或贮存的，在白熟时采收为宜。采收时要将果柄去掉，以免扎伤果实。

三、日光温室秋冬番茄栽培技术

在日光温室的保温性能较差，或者地理纬度较高，栽培越冬番茄无保障的情况下，适宜种植秋冬茬番茄，到低温季节拉秧，早春再种植瓜类蔬菜。

（一）品种选择

秋冬茬番茄苗期温度高，病毒病危害较重。所以应选择生长势强、具有一定抗病毒病能力的中熟或中晚熟品种。目前生产上表现较好的品种有毛粉 802、L-401、双抗 2 号、中杂 9 号、以色列 144、卡依罗等。

（二）培育壮苗

1. **播种适期**　秋冬番茄播种期比较严格，播种过早，受高温影响时间长，病毒病发病率高，病情重，会严重地影响产量的提高；播种过晚，病毒病虽然可以减轻，但后期易受低温、光照不足的影响，植株上部果实长不好，产量同样受影响。所以，各地应不断总结经验，弄清当地适宜播种期。一般以日平均温度 23℃～25℃时播种为宜，河北省中南部多在 7 月下旬至 8 月上旬播种。

2. **准备播种床**　选择地势高、浇水方便、降雨不积水、通风良好的地块做苗床。床宽 1～1.2 米，苗床长度根据需要而定。栽培 667 平方米的番茄需准备播种床 5～7 平方米，每平方米苗床施腐熟大粪面 3～5 千克，磷酸二铵 20～25 克，土、肥充分混匀，搂平待播种。

3. **种子消毒** 国内品种一般在播种前要进行种子消毒，国外品种多数已进行包衣，不需消毒。一般消毒方法：用 50℃～55℃热水烫种 10～15 分钟。烫种时要不停搅动，烫种水温和时间必须得到保障，水温不够时可添加热水调整。烫种后用 10%磷酸三钠溶液浸泡 30 分钟，或者用 1%高锰酸钾溶液浸泡 10 分钟，充分洗净种皮药液后阴干播种。种子消毒的目的是消除种皮上的病毒，对控制番茄病毒病起一定作用。

4. **播种** 将苗床整平浇透水，水渗入后种子掺入部分细沙拌匀，分 2 次均匀地将种子撒在床面上，上面覆盖过筛细土 1 厘米。将拌好的毒饵撒在床面上，防治蝼蛄。毒饵配制：将 1 千克麦麸炒熟（炒出香味），加上 30～50 克的 2.5%敌百虫粉，并加少量水拌匀。每个床面撒 150～200 克。

5. **苗期管理**

（1）遮荫降温防雨 播种时高温、被雨淋均不利于番茄出苗及正常生长，搞好遮荫防雨可减轻病毒病的发生。具体遮荫防雨棚的制作方法参考第二章。在育苗期间，降雨时严防雨水淋苗或雨水流入苗床，万一雨水进入苗床，要及时排出。

（2）覆土间苗除草 在种芽拱土将要出苗时，在床面上撒 1 次细土（0.2～0.3 厘米），增加压力促进种子脱皮，防止种苗带帽出土。分别在子叶展平和出第一片真叶时各间苗 1 次。第一次间苗，把过于密集处的苗疏除，防止幼苗因拥挤拔高生长；第二次间苗，要进一步剔除弱苗和不正常苗，使苗间距达 2 厘米左右，间苗的同时要拔除杂草。

（3）水分管理 根据幼苗生长情况和天气状况适时浇水。气温高、幼苗苗床土干旱时，可在幼苗出齐或者间苗后浇小水，浇水要在早晨或傍晚温度较低时进行。

6. **分苗** 幼苗长出2～3片叶时，要及时进行分苗。分苗苗床大小和施肥量同播种床，株行距10～12厘米，也可向营养钵分苗（10厘米×10厘米），营养土配制同大棚秋番茄。为减少幼苗伤根，促进分苗后的恢复生长，播种床在分苗前浇水，带小土坨移植。向苗床分苗时，逐行开沟浇水栽苗；向营养钵分苗时，随分苗随浇水；分苗完后在苗床上浇透水降低温度，为幼苗尽快缓苗创造适宜环境。

7. **分苗后的管理**

（1）遮荫促缓苗 分苗后在苗床上面搭荫棚遮荫，可覆盖遮阳网或苇帘遮荫防止日晒，降雨时覆盖塑料薄膜。随着幼苗生长和天气逐渐凉爽，逐步减少遮荫时间，直至去掉遮荫物。防雨管理要贯穿整个苗期，具体做法参考第二章。

（2）水肥管理 苗期水分管理原则是苗床保持湿润不能干旱。高温干旱，幼苗容易发生病毒病。高温干旱时，要在早晨或傍晚浇小水降低土壤温度。定植前3～5天适当控水，有利于定植后尽快缓苗。定植前1天浇水，浇透苗床便于切坨起苗。因苗期较短，一般不需追肥。如果苗弱需要追肥时，可配合浇水追施1次尿素，每平方米施15克。

（3）防幼苗徒长 夏季温度高，番茄幼苗容易出现徒长现象，为防止幼苗徒长，分苗缓苗后长至3～4叶时，喷洒1 000毫克/升矮壮素溶液。

8. **育苗标准** 日历苗龄30天左右，苗高20厘米左右，4～6片叶，叶片舒展，无病毒病症状，茎粗0.5厘米左右，土坨完整，根系发达。

（三）定 植

1. **定植时期** 以当地日平均气温降到20℃～25℃时定

植为宜，河北省中南部多在8月下旬至9月上旬定植。定植要选择阴天或傍晚进行，使幼苗定植后处于较凉爽的环境下，避免凋萎，有利于幼苗生发新根、缓苗生长。

2. **整地施肥** 定植前8～10天净前茬，整地施肥，每667平方米施腐熟圈肥4～5立方米，磷酸二铵30～50千克，耕翻25～30厘米深，耙碎整平。按宽窄行开沟，宽行70～80厘米，窄行40～50厘米。

3. **定植方法** 苗床育苗时，在定植前1天给苗床浇水，定植时按苗间距切坨起苗。栽植时要严格选苗，淘汰劣质苗。在沟内按株距30厘米栽苗，每667平方米栽植4000株左右，栽植后马上浇水。

(四)定植后的管理

1. **遮荫降温** 定植后白天气温高，不利于幼苗生长，可在定植后在温室骨架上覆盖遮阳网遮荫降温，能加速幼苗尽快恢复生长。缓苗期过后，逐步去掉遮阳网。也可利用旧棚膜覆盖，塑料薄膜上下要留足通风口，可起到遮荫和防雨的作用。

2. **水肥管理** 定植后4～5天(缓苗后)，浇1次缓苗水。土壤干湿适宜时浅中耕，可增强土壤的透气性。以后根据天气情况，保持土壤见湿见干，酌情浇水，浇水后要注意中耕松土。第一穗果达到核桃大小时(60%以上植株)，结合浇水追施催果肥，每667平方米追施尿素10千克，硫酸钾10千克，或追施氮磷钾复合肥20～25千克。以后在每穗果实膨大时，配合浇水追施1次肥。进入12月中旬后，由于温度已低，要控制浇水。

3. **插架绑蔓** 在番茄植株不能直立前，要及时插架。架型可用篱架，留3～4穗果的，架高1.5～1.8米，插架后绑第一道蔓。以后出1穗花绑1道，摘心后在最上部果穗之上绑最后一道。也可采用吊蔓，不用架杆。

4. **整枝、打杈、疏果** 采用单秆整枝，即保留主蔓，其余侧枝一律摘除，减少养分消耗。根据温室保温性能好坏，可留3～4穗果，在最上部花序将近开花时，在其上留2片叶摘除顶尖。用生长调节剂蘸花后的果实直径达1厘米以上时，疏花疏果。根据植株长势强弱，每穗留3～5个正常果，摘除过小果实和花蕾，保证果实整齐度，提高果实品质。

5. **生长调节剂蘸花** 为确保正常坐果，从第一穗花开始到最后一穗花，都要用生长调节剂处理。为了节省时间，在每一穗花有3～4朵花开放时集中处理一次。用25～30毫克/升番茄灵溶液喷花，注意不要将生长调节剂溶液喷到嫩叶片上。

6. **防植株徒长** 由于高温降雨等因素的影响，容易出现疯秧，影响番茄坐果和果实的膨大生长。为防止植株徒长，在定植后到第一花序开花前，每8～10天喷洒1次1000毫克/升矮壮素溶液。

7. **扣膜及扣膜后的管理** 当外界最低夜温降到13℃时，前期未扣膜的，此时也应该扣棚膜。生产中有的为防雨和遮荫，定植时就扣膜，但是要留好通风口。

扣膜初期，白天外界温度还比较高，要注意通风排湿，夜间要根据室内温度来变更通风口面积。使温室白天温度在20℃～25℃，夜间15℃～18℃，最低气温不低于10℃。随着外界天气变冷，逐渐减少通风口面积，夜间逐步加强保温覆盖。进入冬季后，对于保温性能差的日光温室，要根据番茄生长情况，必要时在室内临时加炉火增温，以延长番茄采收时期，提高经济效益。

8. **病虫害防治** 秋冬茬番茄主要病害是病毒病、晚疫病和叶霉病，虫害是美洲斑潜蝇和白粉虱，防治方法参见第六章。

(五)收　获

秋冬茬番茄果实越后延，价格越高，采收上也应有所变化。前期果实要及时采收，以免影响上部果实的发育。到中后期，果实全部长成后，可以适当降低室内温度，减缓果实成熟速度，尽量将采收期后延，以获得更高的经济效益。

四、日光温室越冬番茄栽培技术

(一)品种选择

要选择无限生长类型、植株生长旺盛、抗病性强(病毒病、晚疫病、叶霉病、灰霉病等)、果实中等大小、品质好、耐贮运的中熟或中晚熟品种。目前生产上表现较好的品种有 L-402、中杂 9 号、毛粉 802、以色列 144、卡依罗等。

(二)培育壮苗

1. **播种适期**　为使番茄植株在低温季节到来前生长到一定大小，根系得到较充分生长，增强越冬能力，一般在 8 月中旬至 9 月上旬播种为好。

2. **种子处理**　用 50℃～55℃的热水烫种 10～15 分钟(烫种期间要不停搅动)，接着在 25℃～30℃温水中浸泡 3～5 小时，搓洗干净后再用 10%磷酸三钠浸泡 15～20 分钟，充分洗净药液后晾干种皮即可播种。也可催芽后播种，催芽温度 25℃～28℃，催芽期间每天用清水淘洗 1 次，芽长度达种子横径长后立即播种。

3. **准备播种床**　越冬番茄育苗正处在高温雨季，要采用遮荫防雨育苗床进行播种育苗。育苗床的具体制作方法，参考第二章。苗床建成后平铺营养土 10 厘米。

营养土配制：肥沃大田表土 2/3，充分腐熟的农家肥 1/3，二者混匀后过筛，并在每立方米混合土中加入氮磷钾复合肥1.5～2千克。

4. **播种** 由于天气还在高温期，催芽后播种要在傍晚温度较低时进行。播种前把苗床踩实整平浇透水，如果床面出现高低不平时，要用细土填平。然后将种子分2次均匀地撒在床面上。为预防苗期病害，播种前后在苗床上撒药土(播种前撒1/3，播种后撒2/3)，最后在种子上面覆盖过筛细土1厘米。

药土配制：按每平方米苗床用8克50%多菌灵粉剂计算用药总量，与150～200倍细土调匀。

5. **播种后的管理**

(1)遮荫降温防雨 播种后要利用好遮阳网和塑料薄膜，晴天高温天气及时采取遮荫措施，控制苗床气温不超过30℃。降雨时棚上覆膜，避免雨水淋苗或流入苗床，并且做到苗床通风良好。

(2)覆土 在种芽拱土要出苗时，进行1次覆土，厚度0.3厘米，以防播种覆土薄，种苗带帽出土，使得幼苗不能正常生长，甚至造成病苗或畸形苗。另外，为防止种苗带帽出土，也可在播种后，在苗床上覆盖黑地膜保墒，到出苗时及时揭去。

(3)间苗 幼苗生长到出心叶时，及时进行间苗，首先疏去弱苗、畸形苗和杂草。到幼苗展开1片叶时，进一步间苗，使苗间距达2厘米左右，防止幼苗拥挤徒长。吸烟者容易传播烟草花叶病毒，疏苗、间苗前要用肥皂充分洗手。

(4)水分管理 育苗正处高温季节，苗床水分蒸发快，育苗期间一旦出现缺水，幼苗生长过慢时，可在早晨或傍晚进行浇水。浇水量不宜过大，避免造成幼苗徒长。

6. **分苗移植** 幼苗长到2片真叶后，要及时进行分苗移植，扩大幼苗营养面积，培育壮苗。

（1）准备分苗床　苗床选址和苗床大小与播种床基本相同，营养土的配制方法与播种床相同，备足直径10厘米的塑料营养钵。

（2）分苗方法　选择阴天或下午、傍晚温度较低时进行分苗移植。播种苗床如果床土干燥，要在分苗前1天浇水。分苗时带小土坨移植到营养钵内后排入苗床，及时浇透水。

7. **分苗后管理**　分苗后苗床上还要插小拱棚，扣上防虫网。缓苗期间，晴天中午前后温度高，适当遮荫，掌握白天苗床气温25℃～30℃，夜间18℃～20℃。缓苗后，白天25℃左右，夜间16℃～18℃，降雨天棚上扣膜防雨。在育苗期间幼苗出现缺水时，要在早晨或傍晚适度浇水。

8. **防幼苗徒长**　在高温季节培育番茄苗，幼苗生长快容易徒长。为防止番茄幼苗徒长，在2片叶和4片叶时分别喷1次1000毫克/升矮壮素溶液。

（三）定植前的准备

1. **施肥整地**　在定植前10～15天，每667平方米撒施腐熟农家肥6～7立方米，氮磷钾复合肥50千克，过磷酸钙80～100千克，深耕25～30厘米，耙碎整平。

2. **扣棚膜消毒**　在定植前4～5天扣棚膜，风口处设置20～30目防虫网。每667平方米用硫黄粉1～1.5千克与5倍锯末调匀，再与敌敌畏500克拌匀。在日光温室内分4～5个点熏烟消毒，棚膜密封3天，定植前2～3天打开通风口通风，排净毒气。

（四）定　植

幼苗5片叶时定植。采取大小行栽植秧苗，小行距50厘米，大行距90厘米。首先按大小行距开沟，在沟内按株距30～

35 厘米栽苗，注意淘汰弱苗和有病毒嫌疑的苗（幼苗叶片黄绿相间或叶片显狭长等）。每 667 平方米定植2 600～3 000株，定植后立即浇透水。

（五）定植后的管理

1. 冬前管理

（1）温度管理　缓苗期间，密闭棚膜，白天保持室温25℃～30℃，夜温 18℃～20℃，白天温度过高时可以适当盖草苫遮荫。缓苗后，白天室内气温达 25℃时通风，室温控制在22℃～25℃，夜间 15℃～18℃。

（2）中耕、培垄、覆地膜　定植水浇后 3～4 天，地表干湿适宜时中耕松土，过 3～4 天向植株基部培土做垄（垄宽 30 厘米，高 10 厘米），小行距间形成 20 厘米左右宽的沟。小行距的2 行秧苗为一组，进行地膜覆盖。

（3）水肥管理　定植后 7～8 天覆地膜后（缓苗期已过）及时浇缓苗水。幼苗生长旺盛，土壤不太缺水，可以只浇膜下小沟；如果幼苗生长正常，土壤又较干燥，可以大小沟一起浇水。做到水浇足又不能使番茄植株疯长，影响正常坐果和果实膨大生长。为防止植株疯长，缓苗后浇水前可喷洒 1 000 毫克/升矮壮素溶液。到 60%植株第一穗果实有核桃大小时，在膜下浇催果水，随浇水每 667 平方米冲施尿素 15 千克。

（4）植株管理　番茄植株不能直立前及时设置吊绳进行绕缠扶蔓，防止植株倾斜。以后随着植株生长，每生长 2～3 片叶绕缠 1 次。另外，越冬栽培番茄采取单秆整枝，当侧枝长达10 厘米左右时，及时摘除。

（5）生长调节剂蘸花　为防止落花落果，在开花期每天上午 9～10 时，用 30 毫克/升番茄灵溶液，喷当天开放的花，或者用 15～20 毫克/升 2,4-D 溶液，涂抹当天开放的花朵的小果柄。要严格把握浓度，以免造成药害。

(6)疏花疏果　当果实坐住后，每穗留3～4个大小较一致的果实，尽早摘除畸形果和小果，以节省养分，确保正常果实的膨大生长。

(7)病虫害防治　冬前主要病害是番茄晚疫病、叶霉病。栽培管理上主要是加强通风和及时进行整枝打杈，降低室内湿度，不使植株生长过旺。平时注意观察，一旦发生病害，确保在发病初期及时对症下药，可参见第六章。

2. 冬季管理　时间处在12月中旬到翌年2月上旬，此时温度低，光照弱，日照时间短，一切环境条件均不利于番茄的正常生长。栽培管理上要做好以下几项工作，减轻不利影响。

(1)全面覆盖地膜　进入冬季后，地温明显降低，通风量很小，室内湿度增大，容易导致灰霉病的发生。为减少地面水分蒸发，降低室内空气湿度，要将大行距间的裸露地面用地膜覆盖。越冬后随着温度升高、浇水量增多和通风量加大时再去掉地膜。

(2)水分管理　进入冬季后，地温较低，番茄植株生长量较小，需水少，尽量不浇水。需要浇水时，要用膜下小沟浇水。同时在浇水前注意天气预报，争取在浇水后有3天以上的晴天，以便于提高地温和排空室内湿气。

(3)草苫管理　正常天气，上午太阳照满草苫时揭苫，下午室温降到20℃左右盖草苫，早晨室温保持在13℃左右，可通过盖草苫早晚来调整。如果温度过低，就应该增加保温覆盖物(如增加草苫数量，或在草苫下增加纸被，或在日光温室内临时加温等)。遇到连阴天，千万不要怕温度低而不揭草苫，天气再不好也要在中午前后揭苫照射散射光，以免叶片保护组织过于脆弱。天气由阴转晴后，揭苫后注意叶片凋萎情况。叶片出现凋萎，要通过回盖草苫来遮荫恢复，凋萎恢复后再揭开草苫，又出现凋萎再回盖草苫，直到叶片不凋萎为止。凋萎严重会死秧，出现凋萎时不能放风，凋萎时通风会伤害叶片。

每天揭苫后都要清扫膜面尘土，保持最大透光率。

(4)二氧化碳施肥　冬季日光温室内与外界空气交换少，白天室内二氧化碳含量常低于外界空气中的含量(空气二氧化碳含量为300～330微升/升)，更少于番茄所需要的含量(所需二氧化碳含量为600～1 000微升/升)。所以冬季日光温室增施二氧化碳，能够增产。

增施二氧化碳的方式方法很多，在土壤中增施有机肥，1吨有机物最终能释放出1.5吨的二氧化碳；现在也有二氧化碳颗粒肥，将其埋在行间土内，缓慢释放；也可在室内燃烧碳棒后放出二氧化碳，等等。这些方法虽然使用起来比较方便，但成本较高。除增施有机肥外，可以使用硫酸与碳酸氢铵反应产生二氧化碳。一般在早晨揭苫后半小时开始，在通风前半小时停止施用。使用浓度：晴天为1 000微升/升，阴天为500～600微升/升，实际生产上可以通过施用碳酸氢铵量的多少来控制二氧化碳浓度。碳酸氢铵用量计算方法：正常天气缓苗后到第一穗果实达到白熟期每天用4～5克/平方米，结果期每天用5～6克/平方米。每1 000克碳酸氢铵需浓硫酸530克。使用方法：在室内间隔6～7米放置1个小塑料桶，在桶内放入稀硫酸(浓硫酸1份，水3份)，然后将碳酸氢铵装入塑料袋内扎口，在袋四周扎几个孔，将其沉入桶内硫酸中，放出来的气泡就是二氧化碳气体(碳酸氢铵袋要完全沉入硫酸内，不能浮在上面，以防氨气逸出危害番茄)，不出气泡即表明碳酸氢铵反应完毕。反应结束后，剩余的残液成为硫酸铵，可作肥料随水冲施。注意二氧化碳含量为 300 微升/升时，番茄光合作用的最适温度为 25℃左右；当二氧化碳含量为1 000微升/升时，番茄光合作用适温为 27℃～30℃。因此，补施二氧化碳后，温度指标可适当调整。

(5)病虫害防治　冬季番茄主要病害是灰霉病，在番茄进入开花期后，遇到连阴天或浇水后，室内湿度大，容易导致灰霉病的发生和蔓延，可以使用烟剂防病。冬季番茄主要虫害是白粉虱，以运用黄板诱杀与熏剂结合防治为好。详细措施参见第六章。

(6)及时采收　冬季番茄植株处于虚弱状态，应尽量减少坐果数量，确保植株安全越冬。所以，果实要尽早采收，以减轻植株负担，保持较强的植株长势，确保翌年早春产量。

3. 冬后管理　处于 2 月中旬至 5 月下旬，光照逐渐增强，温度逐渐升高，越冬后的植株也随着环境条件的好转而恢复长势，坐果量逐渐增多，各方面的管理要加强。

(1)水肥管理　2 月中旬至 3 月中旬，温度还较低，10～15 天浇 1 次水，配合浇水每 667 平方米冲施沼渣沼液 300 千克，或腐熟人粪尿 300～500 千克，或氮磷钾复合肥 20～25 千克。3 月中旬以后气温升高，通风量加大，8～10 天浇 1 次水，隔 1 次水追 1 次肥，用量同上；4 月中旬以后 6～8 天浇 1 次水，隔 1 次水追 1 次肥，用量要根据果实数量适当减少。

(2)温度管理　正常天气上午室温达到 25℃～28℃开始通风，保持白天室温 25℃左右，下午 20℃时关闭风口，18℃～20℃时盖草苫，早晨室温以保持 13℃～15℃为宜。阴雨天白天室温 20℃左右，早晨 10℃～12℃。到外界最低气温稳定在 10℃以上时，留夜风口。

(3)植株管理　每长出2～3片叶，绕蔓或绑蔓1次，绕蔓的同时注意摘除侧枝，去掉成熟果下部病叶、老叶。植株高度达到吊绳上端后进行降蔓，每次降蔓50厘米左右。拉秧前20～30天去顶尖，确保上部果实充分膨大，形成商品果。

(4)草苫管理　除参照冬季草苫管理外，要随着日照时间的增加，适当早揭草苫，晚盖草苫，尽量延长光照时间。到外界最低气温稳定在10℃以上时，停止盖草苫。在当地进入降雨前晒干草苫，及时收藏。

(5)病虫害防治　在防治灰霉病的基础上，注意防治叶霉病。管理上随着浇水量的增加要加强通风排湿，发现病害以后及时用药防治。虫害主要是白粉虱、美洲斑潜蝇和茶黄螨。具体用药种类和方法，参见第六章。

(6)果实催熟与采收

①果实催熟：早春番茄果实上市早，价格高，可以在番茄果实达到白熟期进行催熟，方法参考第四章大棚早春番茄栽培技术有关部分进行处理。

②果实采收：一般果实着色后即可采收上市。如果番茄果实外运时，可以在果实达到白熟期采收。

思考题

1. 如何确定日光温室早春番茄播种适期？

2. 番茄种苗带帽出土的原因和解决方法有哪些？

3. 日光温室冬季和早春栽培番茄为何要补充二氧化碳？你认为哪种方式好？为什么？

4. 日光温室越冬番茄栽培为何要进行地膜全覆盖？为何以膜下浇水为好？

第六章　棚室番茄主要病虫害无公害防治技术

一、番茄传染性病害

（一）晚疫病

1. **田间诊断**　晚疫病又称疫病，苗期至成株期均可受害，防治不当时，常造成大量植株枯死，甚至毁棚（封2）。该病主要危害叶片、果实及茎部，多从下部向上迅速蔓延。叶片受害，先出现水渍状淡绿色病斑，逐渐变为褐色，病斑较大，边缘不明显，形状多不规则（封2）；湿度大时，新鲜病斑背面产生稀疏的白色霉状物（封2）；严重时，病叶干枯。果实以绿色果实受害最重，病斑初呈油浸状暗绿色，后变为暗绿色至棕褐色，边缘明显，形状不规则，稍凹陷，病部较硬，病斑部位表面略显凹凸不平；严重时，果实大部分甚至全部出现病变，呈“铁皮果”状（封2）。茎部受害，病斑初呈水渍状、淡褐色，扩展后呈褐色至黑褐色长条形病斑，凹陷；病斑绕茎部1周时，导致受害部位以上枯死，茎基部受害导致全株枯死，危害最重；潮湿时，茎部病斑表面也可产生稀疏的白色霉状物（彩页1）。

2. **发病特点**　晚疫病由致病疫霉引起，是一种低等真菌病害。该病菌主要以菌丝体在温室番茄植株上越冬或越夏，或以厚垣孢子随病残体在土壤中越冬或越夏。借气流、水流或水滴反溅传播到番茄植株上进行侵染危害，病菌侵染后3～4天，病斑表面即可产生大量病菌孢子囊（稀疏的白色霉状物），形成田间发病中心。该孢子囊通过气流或水滴反溅传播，在田间造成多次重复侵染，导致病害流行。高湿低温，昼夜有温差，有利于病害的发生流行；氮肥过多、栽植密度过大、灌水方法不当、通风排湿不及时等因素，均易诱发晚疫病。

3. **防治技术** 防治番茄晚疫病以农业防治措施和控制环境湿度为基础，结合及时药剂防治，重点为预防病害发生。

(1)选用抗病品种 如中蔬4号、中蔬5号、中杂4号、佳粉10号、佳粉17号、沈粉1号、渝红2号、强丰、圆红、佳红等。

(2)科学栽培管理 合理密植，及时打杈，保证棚室内通风透光良好。合理施用氮肥，增施钾肥，提高植株的抗病能力。及时通风降湿，控制环境湿度，避免植株叶面结露或出现水膜，创造不利于病害发生及流行的小气候条件。

(3)搞好棚室卫生 前茬拉秧后和本茬整地前彻底清除病株残体，减少病菌来源。生长期及时摘除田间病叶、病果，并带出棚室销毁，减少棚室内菌量。

(4)及时棚室熏烟 在发病初期或发现中心病株后，及时在棚室内熏烟，控制病害发展。每667平方米可选用250克45%百菌清烟剂，或1000克10%百菌清烟剂，在傍晚密闭棚室后点燃熏烟过夜(放药处一般每667平方米为5～7个)。每隔7～10天熏烟1次。该法特别适合在持续阴天及通风排湿困难时应用。

(5)合理喷药防治 定植前对幼苗喷雾杀菌1次，保证用无病苗移植。定植后棚室内发现中心病株或发病初期，及时喷药防治，每5～7天1次，一般需连续喷药2～3次；以后每7～10天用药1次，连续预防。常用的治疗性药剂有：72.2%普力克水剂600～800倍液，或87%疫霜灵可溶性粉剂600～800倍液，或69%安克锰锌可湿性粉剂600～800倍液，或58%瑞毒霉·锰锌可湿性粉剂 600～800 倍液,或 70%百得富可湿性粉剂 1 000～1 200 倍液,或 72%霜脲·锰锌可湿性粉剂 600～800 倍液,或 64%杀毒矾可湿性粉剂 600～800 倍液,或 52.5%抑快净水分散粒剂1 500～2 000 倍液等。常用的预防性药剂有:80%大生 M-45 可湿性粉剂 600～800 倍液,或 53.8%可杀得 2 000 干悬浮剂 800～1 000 倍液,或 68.75%易保水分散粒剂 1 000～1 500 倍液,或 65%代森锌可湿性粉剂 500～600 倍液,或 75%百菌清可湿性粉剂 600～800 倍液,或 70%安泰生可湿性粉剂500～700 倍液等。也可使用 5%百菌清粉尘剂进行喷粉防治,每 667 平方米用药粉 1 千克,在傍晚封棚后喷撒。喷雾、喷粉及熏烟方法最好交替使用。

(二)早疫病

1. **田间诊断** 早疫病又称轮纹病,主要危害叶片,严重时也可危害茎和果实,苗期至成株期均可危害。叶片受害,多从下部叶片开始发生,逐渐向上蔓延;初期呈深褐色的圆形小斑点,后斑点逐渐扩大呈圆形或不规则形的褐色至黑褐色的同心轮纹状病斑(彩页 1);潮湿时,病斑表面可产生黑色霉层。严重时,叶片干枯,甚至植株枯死。茎部受害,多在分枝处产生褐色至黑褐色的不规则形或长椭圆形病斑,稍凹陷,有时具同心轮纹;严重时,病斑绕茎 1 周,导致上部枯死。果实受害,多在蒂部附近产生病斑,圆形或近圆形,褐色至黑褐色,凹陷明显,表面密生黑色霉层(彩页 1)。

2. **发病特点** 早疫病是一种真菌性病害,病菌主要随病残体在土壤中越冬或越夏,也可附着在种子上越冬或越夏。条件适宜时,病菌孢子通过气流、水流或水滴飞溅进行传播,从气孔、皮孔、伤口或直接侵染危害。该病在田间有多次再侵染,流行性很强。番茄进入结果盛期及果实迅速膨大期受害较重,高湿环境有利于病害发生流行，土壤瘠薄、浇水过多、通风不良等均可加重早疫病的发生和危害。

3. **防治技术** 以加强栽培管理、清除病菌来源、合理补肥浇水、及时通风降湿等农业措施为基础，结合科学药剂防治，是防治早疫病的关键技术。

(1)**搞好棚室卫生** 前茬拉秧后和本茬整地前及时清除病叶、病果等病株残体，消灭病菌越冬场所。生长期及时摘除田间病叶、病果，并带出棚室销毁，减少棚室内病菌数量。

(2)**加强栽培管理** 采用地膜覆盖高垄种植、膜下沟内灌水的栽培模式，控制和减少水分蒸发，降低棚室内湿度。施用足量粪肥、农家肥等有机肥料做基肥，进入结果盛期及果实迅速膨大期后，及时叶面喷肥和冲施速效肥料，延缓中下部叶片衰老，提高植株的抗病能力。合理密植，及时整枝打杈，保证棚室内通风透光良好。及时通风降湿，控制环境湿度，创造不利于病害发生的小气候环境。

(3)**科学药剂防治** 定植前，对幼苗用药剂喷雾防治 1 次，避免幼苗带菌移栽。定植后，从发病初期或发现中心病株时，开始喷药或熏药防治，先每隔 5～7 天用药 1 次，连用 2～3 次后，再每隔 7～10 天用药 1 次，连续用药，直到最后一穗果膨大期结束。用于喷雾防治早疫病的有效药剂有：80%大生 M-45 600～800 倍液，或 50%扑海因可湿性粉剂 1 000～1 200 倍液，或 10%宝丽安可湿性粉剂 1 000～1 500 倍液，或 1.5%多抗霉素可湿性粉剂 300～400 倍液，或 70%代森锰锌可湿性粉剂1 000～1 200 倍液，或 75%百菌清可湿性粉剂 600～800 倍液，或 53.8%可杀得 2000 干悬浮剂 800～1 000 倍液，或 10%世高水分散粒剂 3 000～4 000 倍液，或 68.75%易保水分散粒剂 1 000～1 500 倍液等。适用于熏烟防治的药剂有:45%百菌清烟剂每 667 平方米 250 克,或 10%百菌清烟剂每 667 平方米 1 000 克等。

(三)叶霉病

1. **田间诊断** 叶霉病主要危害叶片,严重时也可危害果实及茎部。叶片受害,多从中下部叶片开始,逐渐向上部蔓延。初期在叶片正面先出现边缘不明显的椭圆形或不规则形褪绿黄斑(黄绿色),尔后在病斑背面逐渐产生初灰白色,很快变为灰绿色,最终呈黑褐色的绒状霉层(彩页 1);后期病斑枯死,呈黄褐色至褐色;严重时,叶片上病斑多而连片,并逐渐向下卷曲、干枯(彩页 2)。果实受害,在果面上形成黑色、圆形、硬化、凹陷病斑。茎部受害,症状表现与叶片相似。

2. **发病特点** 叶霉病是一种真菌性病害,病菌主要随病残体越冬或越夏,也可附着在种子上越冬或越夏。播种带菌种子,幼苗即可染病。随病残体越冬的病菌,在适宜条件下产生病菌孢子,通过气流传播,从叶片背面气孔侵染危害。该病在田间有多次再侵染,条件适宜时容易流行成灾。连续阴雨天气,棚室通风透气不良的高湿、弱光环境,有利于叶霉病发生流行。光照充足,棚室内短期增温至 30℃~36℃,对病菌有明显的抑制作用。

3. **防治技术**

(1)选用抗病品种 如鲁粉 2 号、鲁番茄 4 号、中杂 7 号、双抗 2 号、辽杂粉 3 号、沈粉 3 号、弗洛雷德、佳红及佳粉系列品种等。

(2)种子消毒 将种子用 52℃温水浸泡 30 分钟,而后催芽、播种。

(3)加强栽培管理 搞好棚室卫生,清除各种带菌残体;定植前棚室密闭熏蒸消毒;实行科学栽培模式,合理施肥浇水，及时通风散湿，创造不利于病害发生的环境条件。具体措施参考早疫病有关部分。

(4)高温闷棚　叶霉病发生后，选择晴天中午密闭棚室，使棚室内温度上升到36℃～38℃，保持2小时可有效抑制病情发展。密闭棚室前后应加强肥水管理，以提高植株抗逆能力。

(5)及时药剂防治　定植前，对幼苗喷药防治1次，防止幼苗带菌移栽。定植后，从发病初期开始喷药，每隔7天左右防治1次，一般每期应连续用药2～3次。叶霉病发生较轻时，在防治早疫病、晚疫病时考虑兼治即可，喷药时应以叶片背面为主。对叶霉病预防效果好的药剂有：80%大生M-45可湿性粉剂600～800倍液，或68.75%易保水分散粒剂1000～1500倍液，或53.8%可杀得2000干悬浮剂800～1000倍液，或40%达科宁悬浮剂500～600倍液，或70%代森锰锌可湿性粉剂1000～1200倍液等。对叶霉病具有治疗作用的药剂有：40%信生可湿性粉剂6000～8000倍液，或10%世高水分散粒剂2500～3000倍液，或50%苯菌灵可湿性粉剂1000～1500倍液，或80%多菌灵可湿性粉剂1200～1500倍液，或70%甲基托布津可湿性粉剂800～1000倍液等。

(四)灰霉病

1. 田间诊断　灰霉病主要危害果实，也可危害叶片及花器。果实受害，多从花托端、萼端及果面残留花瓣处开始发病，逐渐向四周扩散蔓延(彩页2)。病斑呈灰白色至淡灰褐色腐烂，边缘不明显，表面产生有致密的鼠灰色霉层，严重时果实全部腐烂(彩页2)。叶片受害，多从叶缘开始向内扩展形成“V”字形病斑，病斑浅褐色，多为不规则形，有时具深浅相间轮纹，边缘呈不明显水渍状，表面产生灰霉，较果实少而稀疏(彩页2)。花器受害，花器组织呈淡褐色腐烂，表面产生鼠灰色霉状物(彩页3)。

2. **发病特点** 灰霉病是一种真菌性病害,病菌在土壤中和病残体上越冬或越夏,成为生长季节的初侵染来源。病株上产生的病菌孢子在棚室内主要通过气流和农事操作(如蘸花等)进行传播,由衰败的器官(如花瓣等)及伤口等处侵染。该病在棚室内有多次再侵染。低温高湿是灰霉病发生的必要条件,连续阴天可促使该病发生流行。花期是病菌侵染高峰期,果实膨大期浇水后病果剧增,是烂果高峰期。

3. **防治技术** 以控制环境湿度、创造不利于病害发生的生态条件为基础,结合及时摘除病果和科学药剂防治,是防治棚室番茄灰霉病的关键技术。

(1)加强栽培管理 采用高垄、地膜覆盖栽培,实行膜下沟内浇水,并尽量在晴天上午进行,减少水分蒸发,控制环境湿度。发现病果,及时摘除,并带出棚室深埋,减少棚室内病菌量。及时通风散湿,降低棚室内湿度,创造不利于病害发生的环境条件。

(2)科学蘸(喷)花 蘸(喷)花时,在配好的药液中加入0.1%速克灵可湿性粉剂或多霉灵可湿性粉剂及少量链霉素水剂,可预防病菌从花开败处侵染果实。

(3)抓住关键期使用药剂防治 第一,定植前要对幼苗喷药,保证用无病苗定植;第二,掌握在浇催果水前1天用药,防止浇水后高湿环境下诱使病害发生;第三,一般从持续2天阴天或发现病果时开始用药,5~7天1次,每期需连续用药2~3次。用于喷雾的有效药剂有:50%农利灵可湿性粉剂1 000~1 500倍液,或50%速克灵可湿性粉剂1 000~1 500倍液,或50%多霉灵可湿性粉剂1 000~1 500倍液,或65%甲霉灵可湿性粉剂1 000~1 500倍液,或40%施佳乐悬浮剂1 000~

1 200 倍液，或 50%扑海因可湿性粉剂 1 000～1 500 倍液，或 2%武夷菌素水剂 150～200 倍液，或 40%百可得可湿性粉剂 1 000～1 500 倍液等。常用有效烟熏剂有：每 667 平方米 10%速克灵烟剂 300～500 克，或 45%百菌清烟剂 300～500 克等。常用有效粉尘剂有：每 667 平方米 6.5%甲霉灵粉尘剂 800～1 000 克，或 5%百菌清粉尘剂 800～1 000 克，或 10%速克灵粉尘剂 600～800 克等。熏烟和喷粉都需要在傍晚闭棚后进行，并密闭棚室 1 夜。建议不同药剂交替使用，避免病菌产生抗药性。

（五）溃疡病

1. 田间诊断 溃疡病从番茄幼苗至成株期均可发生。幼苗发病，叶片由下至上逐渐萎蔫，导致植株矮化甚至枯死。成株发病初期，下部叶片边缘枯萎，逐渐向上卷起，很快全叶呈青褐色皱缩、干枯，垂悬于茎上似干旱缺水枯死状。病害发展中后期茎部开始发病，表面出现褪绿条斑，有时呈溃疡状。茎髓部变褐、中空，形成长短不一的空腔，后期病变处下陷或开裂，茎略变粗，生出许多不定根。高湿时，病茎中可溢出污白色脓状物。最后病茎髓部全部变褐、中空，仅残存外表皮，导致植株枯萎死亡；枯死株叶片不脱落，呈青枯状。果实发病，果面产生乳白色圆斑，稍隆起，直径 3 毫米左右；后期，病斑中部变褐色木栓化突起，似鸟眼状，称为“鸟眼斑”；严重时，许多病斑连成一片，导致果面非常粗糙。

2. 发病特点 溃疡病是一种细菌性病害，病菌可在种子上和病残体上越冬，并可随病残体在土壤中存活 2～3 年。该病远距离传播主要通过种子和幼苗的调运，棚室内蔓延主要靠灌溉水的流动和水滴反溅，定植、打杈等农事操作活动也可引起接触传播。病菌主要从各种伤口侵入，而后在韧皮部扩散蔓延至全株。病株上的种子全部带菌。

3. 防治技术

(1)选用无病种子和种子消毒　建立无病留种地，从无病株上留种；尽量不要选用病区的番茄种子，必须使用时应做好种子消毒工作。消毒方法有：55℃温水浸种30分钟，或70℃72小时，或80℃24小时干热灭菌，或0.6%醋酸溶液浸种24小时，或5%盐酸浸种5～10小时，或1.05%次氯酸钠溶液浸种20～40分钟，或72%硫酸链霉素可溶性粉剂3 500倍液浸种2小时。浸种后用清水洗掉药液，晾干后催芽、播种。

(2)培育和使用无病幼苗　使用无病（菌）苗床或营养钵育苗，使用旧苗床或带菌土壤育苗时应进行消毒处理。每平方米苗床土用福尔马林30毫升加水3～4升均匀喷洒，然后覆盖塑料薄膜密闭5天，揭开薄膜后使药剂散发，15天后播种。

(3)棚室土壤高温消毒　有溃疡病发生的棚室，可利用夏季高温季节，地膜密闭封盖土壤，处理15～20天，以杀死土壤中存活的病菌。

(4)加强栽培管理　有病菌的棚室与非茄果类蔬菜实行3年轮作，可促使病菌死亡。拉秧后或整地前，彻底清除各种病残体，消灭病菌越冬场所。农事活动在露水干后操作，可减少病害的接触传播。选用野生番茄为砧木进行嫁接栽培，可提高植株的抗病性。发现病株及时拔除深埋或烧毁，并用生石灰对病穴进行消毒，防止病害扩散蔓延。

(5)药剂防治　病株拔除后，及时进行喷药防治，7～10天1次，需连续喷药2～3次；同时用相应药液对病株周围的植株灌药处理，灌药液量一般每株0.3～0.5升，7～10天后再灌1次。对溃疡病防治效果好的药剂有：72%农用链霉素可溶性粉剂3 000～4 000倍液，或90%新植霉素可溶性粉剂

4 000～5 000 倍液，或 53.8%可杀得 2000 干悬浮剂 800～1 000 倍液，或 25%络氨铜水剂 500～600 倍液，或 30%王铜悬浮剂600～800 倍液，或 50%琥胶肥酸铜(DT)可湿性粉剂500～600 倍液等。

(六)疮 痂 病

1. **田间诊断** 疮痂病主要危害叶片、果实和茎部。叶片受害，多从下部老叶开始发生，初期呈水渍状暗绿色斑点，扩大后呈近圆形或不规则形褐色病斑，边缘明显，周围具黄色晕环；病斑中部薄，有光泽。果实受害，初期呈白色圆形小点，边缘稍隆起；扩大后呈中间凹陷的近圆形疮痂状病斑，褐色至深褐色。茎部受害，初期呈水渍状不规则形暗绿色至黄褐色病斑，稍隆起，后病斑开裂呈疮痂状。

2. **发病特点** 疮痂病是一种细菌性病害，病菌随病残体在土壤中或附在种子表面越冬。在棚室内主要通过流水、水滴反溅及农事操作进行传播，从伤口或气孔侵染危害。高温高湿有利于病害发生，植株衰弱时病害发生较重。

3. **防治技术**

(1)选用无病种子和种子消毒 参考溃疡病部分。

(2)加强栽培管理 有条件的与非茄果类蔬菜实行 2～3 年轮作，促使病菌死亡。拉秧后和整地前，彻底清除各种病残体，清除病菌越冬场所。整枝、打杈等农事活动在露水干后操作，可减少病害的接触传播。进入结果盛期及果实迅速膨大期后，及时叶面喷肥和冲施速效肥料，保持植株生长健壮，提高抗病能力。及时摘除下部衰老叶片及打杈，保证棚室内通风透光良好；及时通风降湿，创造不利于病害发生的环境条件。

(3)及时喷药防治 从发病初期开始喷药，7 天左右 1 次，连喷药 2～3 次，即可有效控制疮痂病发生危害。有效药剂同溃疡病。

(七)病 毒 病

1. **田间诊断** 病毒病在叶片、果实及茎部均可出现症状。叶片发病类型,有花叶型(叶片上有黄绿相间的斑块,见彩页 3)、蕨叶型(叶片呈线状,并扭曲,见彩页 3)、条斑型(叶表面有褐色至黑褐色的条状斑块)、卷叶型(叶片扭曲畸形)及黄顶型(顶叶黄化、皱缩、变小)5 种症状表现。果实发病,多为条斑型和黄斑型(着色果实表面有凹陷的黄色斑块)2 种表现(彩页 4)。茎部发病主要为条斑型症状。

2. **发病特点** 番茄病毒病可由多种植物病毒引起,种子带毒和传毒媒介(如蚜虫等)带毒是主要的病毒来源。在棚室内整枝、打杈等农事操作接触传播和蚜虫等媒介昆虫传毒是主要的传播途径。

3. **防治技术**

(1)选用抗病品种 如毛粉 802、佳粉 10 号、双抗 2 号、中蔬 5 号、中蔬 4 号及佳红等。

(2)种子消毒 用 10%磷酸三钠溶液浸种 20～30 分钟,或用 0.1%高锰酸钾溶液浸种 30 分钟,捞出后用清水冲洗干净再催芽播种。也可将干燥的种子在 70℃恒温箱内进行干热消毒 72 小时。

(3)及时防治蚜虫 具体措施详见番茄虫害蚜虫部分。

(4)药物控制病毒 病毒病目前还没有治疗药剂,仅有一些药物可以控制或抑制病毒病的表现程度。一般在病毒病表现症状初期开始喷施,7～10 天 1 次,需要连续喷施,直到生长后期。效果较好的药物有:20%盐酸吗啉胍可湿性粉剂 500～600 倍液,或 20%病毒 A 可湿性粉剂 500～600 倍液,或 1.5%植病灵乳剂 800～1 000 倍液,或 5%菌毒清水剂

300～500倍液，或0.5%抗毒剂1号水剂300倍液，或912植物病毒钝化剂300～400倍液，或生豆浆100～200倍液，或牛奶100～200倍液，或食醋100～200倍液等。

二、番茄主要生理病害

生理病害与一般传染性病害相比，最大的不同点是无病原物，不扩散蔓延。它主要是由于环境条件不适宜致使作物内部生理活动异常而发生的一种病害。

(一)脐腐病

1. 发生原因 原因是缺钙，一是土壤中缺钙，二是土壤中虽不缺钙，但因土壤过于缺水抑制植株对钙的吸收，结果造成脐腐病。生产上在番茄第一穗果座果期蹲苗过重时，容易产生脐腐病病果(封3)。

2. 预防措施 定植前增施有机肥，补施过磷酸钙，改良土壤，提高土壤供肥水能力。蹲苗前要浇足缓苗水，为蹲苗打好基础。另外，蹲苗要根据天气、土壤状况和植株生长状态灵活掌握，不能过分蹲苗(植株中午前后常出现凋萎)。在植株座果期，叶面喷施1%过磷酸钙或0.5%氯化钙，10～15天喷1次，连喷3～4次。

(二)空洞果

1. 发生原因 果实膨大生长期间，地温低，光照弱，植株营养不良，再加上生长调节剂使用浓度过大或在蕾期使用，使得果实外皮生长快，胎座因缺乏养分不能相应地生长发育，致使形成空洞果。棚室番茄生产中，在低温季节出现得较多。

2. 预防措施 在低温季节，要加强棚室的增温保温管理，提高地温，保证根系吸收水肥的能力。另外，选用透光好的无滴棚膜,经常保持棚膜洁净,为番茄创造较好的温度和光照条件,培养健壮植株。正确地使用生长调节剂保花保果,浓度不能过高,不能重复蘸花,处理后要加强水肥管理,保证果实膨大生长的需要。

(三)畸 形 果

1. 发生原因 菊花果(封 3)和特大异形果(多心室),主要是育苗期间长时间温度过低造成的。温度过低,发育慢,花芽分化不正常,心室数过多,以后就形成菊花果或超大畸形果。尖顶果和乳凸形果(封 3),主要是使用生长调节剂处理花朵浓度过高造成的。

2. 预防措施 在番茄育苗期间,要根据幼苗生长不同时期,进行适温管理(白天温度低于 20℃,夜温低于 8℃,时间越长,畸形果越多),保证花芽分化的正常进行。番茄花芽分化适宜温度白天 23℃～25℃,夜间 15℃～17℃。使用 2,4-D 蘸花时,要严格把握浓度,温度升高后要适当降低浓度。如果使用番茄灵蘸花,可有效地减少畸形果的形成。在疏花疏果时,要尽早地摘除畸形花,疏除畸形果,以防消耗养分,保证正常果实的膨大生长。

(四)生理性卷叶

1. 发生原因 一般是土壤中严重缺水,天气温度高,叶面水分蒸腾多,植株根系发育不好,吸收的水分不能满足需要时形成卷叶。另外,棚室内栽培番茄为防病过于控制浇水和加大通风的情况下,也容易引起番茄卷叶。

2. 预防措施

(1)培养强大根系,增强抗逆性 番茄定植缓苗后到坐果前都有一个蹲苗期,蹲苗期的长短主要是根据品种类型和当时植株生长状况和坐果情况来决定。缓苗后要浇足缓苗水,再进行蹲苗管理，不然给水不足，苗也蹲不好，根系发育不良，容易出现卷叶。

(2)保持土壤水分稳定　进入座果期后，要按季节不同进行适当浇水，不能忽干忽湿，浇水间隔期不能时长时短。

(3)遮荫降温　进入高温季节，棚室番茄可以用遮阳网进行遮荫降温，也可向棚膜上甩泥浆，达到遮荫降温的目的。出现卷叶后要适当通风降温，早晨或傍晚及时浇水。

(五)沤根烂茎

1. **发生原因**　在低温冬季和早春，分苗或定植时栽苗过深(尤其是徒长苗容易出现)，土壤温度低，湿度大，新根长不出，幼苗茎嫩抵抗力弱，时间久则地表处烂茎、死苗。

2. **预防措施**　加强幼苗出真叶前、后的温度控制，严防幼苗徒长；分苗移植和定植时，不能栽苗过深，保持原苗入土深度为宜；分苗移植前、后和定植前、后(缓苗期间)尽量提高土壤温度(15℃～20℃)，促使幼苗早生新根，加快恢复幼苗生长。

(六)毒气害

冬季和早春因棚室比较密闭，常因施肥或燃煤加温防寒等产生有毒气体。生产中最常发生并且危害较重的是氨气和二氧化硫毒害。

1. **氨气**　棚室中氨气主要来自大量施用未腐熟的鸡粪或饼肥等，这些未腐熟肥料在发酵过程中放出氨气，如不能及时通风排除则在棚室内积累。另外，在棚室内地表撒施碳酸氢铵或尿素，如不及时浇水也会引发氨气危害。在棚室内空气中的氨气含量达到5微升/升，就会造成毒气伤害。番茄叶片受害，开始呈水渍状斑块，而后变褐干枯。受害花萼、花瓣开始呈水渍状，而后变黑褐干枯。预防措施如下。

一是棚室内使用的有机肥要提早准备，并通过堆沤使其充分发酵腐熟。在棚室覆盖薄膜的情况下，不能撒施碳酸氢铵，封垄前追施尿素最好沟施覆土后浇水。植株封垄后不便开沟施，撒施后马上浇水。

二是注意观察，尤其在定植缓苗前后和追施尿素或鸡粪等后，可以用 pH 试纸蘸取棚膜内壁水滴，然后与标准比色纸比色，当 pH 值达到 8.2 时，要及时通风换气，排除有害气体。

三是在植株受害但还有栽培价值时，除通风排除有害毒气外，要剪除受害叶片，同时配合浇水降低土壤中肥料浓度，减少氨气放出量。待有害气体排除后，加强水肥管理，促其恢复正常生长。

2. **二氧化硫** 主要发生在棚室内燃煤加温防寒时，因煤中含硫。煤炉跑烟、烟道漏烟、倒烟，使棚室内空气中的二氧化硫积累，当棚室内空气中二氧化硫含量达到 1 微升/升，经过 4～5 小时后，敏感的蔬菜就会表现出明显受害症状。整个叶片呈现水浸状，逐渐褪绿。番茄叶片呈现白色斑点。

预防措施：使用煤炉加温时，尽量选用含硫少的优质煤，点燃煤炉前，要认真检修烟道和烟筒，做到不跑烟、不倒烟。一旦发生漏烟、跑烟和倒烟，要及时通风换气排除有害气体。

发生二氧化硫烟害后，用 0.5%石灰水喷洒叶面，有一定缓解作用。同时加强通风换气，摘除受害重的叶片，加强肥水管理，促进植株恢复生长。

三、番茄虫害

(一)温室白粉虱

1. **为害特点及诊断** 温室白粉虱(彩页 4)简称白粉虱，俗称“小白蛾子”。以成虫和若虫在叶片背面吸食植物汁液，被害叶片褪绿、变黄、萎蔫，甚至全株枯死。同时，其分泌大量蜜露，污染叶片和果实，导致发生煤污病，降低番茄商品价值。

2. **发生习性** 白粉虱在温室内一年发生10余代，以冬季在温室内为害而越冬，形成了周年发生为害的循环。成虫有趋嫩性，喜在嫩叶背面产卵。在作物上自上而下白粉虱的分布为：新产的绿卵、变黑的卵、幼龄若虫、老龄若虫、伪蛹。成虫对黄色具有很强的趋性。

3. **防治技术** 防治白粉虱以阻止其进棚室为基础，以物理防治和生物防治为重点，结合进行药剂防治。

(1)棚室消毒 扣棚后育苗前，密闭熏杀棚室内的残余虫口。方法为：100米^{3}空间用硫黄粉500克，混入锯末1000克，分5～7处均匀放在棚室内，然后点燃，密闭棚室熏蒸1夜。

(2)设置防虫网 在棚室通风口处，设置防虫网，防止外来虫源。

(3)黄板诱杀 利用白粉虱成虫对黄色的强烈趋性，在棚室内设置长条形黄色粘板(黄板表面涂一层机油)，诱集、粘杀白粉虱成虫。一般每667平方米设置30～35块黄板为宜。根据需要，应及时重涂黏稠剂(如机油等)。

(4)释放丽蚜小蜂 白粉虱发生较轻时，在棚室内按每株15～20头的量释放丽蚜小蜂，半个月1次，连放3次，进行生物防治。

(5)药剂防治 白粉虱发生较重时，一方面可以在傍晚闭棚后，用10%灭蚜烟雾剂(每667平方米用0.5千克)或22%敌敌畏烟剂(每667平方米用0.3千克)密闭熏杀；另一方面也可以在早晨或傍晚喷雾防治，重点喷洒叶片背面。喷雾防治白粉虱效果较好的药剂有：10%吡虫啉可湿性粉剂3000～4000倍液，或1.8%阿维菌素4000～5000倍液，或5%定击乳油 4 000～5 000 倍液，或 3％啶虫脒乳油 2 500～3 000 倍液，或 25％扑虱灵可湿性粉剂 2 000～2 500 倍液，或 2.5％菜喜乳油 1 000～1 500 倍液，或 15％哒螨灵乳油 1 500～2 000 倍液等。药剂防治一般 7～10 天 1 次，连用 2～3 次后即可将白粉虱控制到很低的水平。喷药时，若在药液中加入助杀 1 000 倍液等农药助剂，可显著提高杀虫效果。

（二）蚜　虫

1. 为害特点及诊断　为害棚室番茄的蚜虫主要是瓜蚜，以成虫和若虫在叶片背面和嫩梢及嫩茎上吸食汁液为害。嫩叶及生长点被害后，叶片向背面卷缩，停止生长，严重时全株萎蔫死亡；老叶受害后不卷缩，但容易干枯。另外，蚜虫可分泌大量蜜露，污染叶片和果实，导致发生煤污病，降低番茄商品价值。

2. 发生习性　瓜蚜在华北地区一年发生 10 余代，以夏、秋季在露地作物上为害，冬、春季在棚室内作物上为害，形成周年循环。由露地作物到棚室作物和由棚室作物到露地作物，均由有翅蚜迁飞完成。有翅蚜对黄色有很强的趋性，银灰色对蚜虫有驱避作用。

3. 防治技术

（1）阻止和驱避蚜虫　在棚室通风口处，设置防虫网，阻止外来蚜虫进入棚室。棚室内使用银灰色薄膜替代普通地膜覆盖，以驱避蚜虫。

（2）黄板诱蚜　利用蚜虫对黄色的趋性，在棚室内设置长条形黄色粘板，诱集、粘杀蚜虫。一般每 667 平方米设置 30～35 块黄板为宜。经常检查并涂抹黏稠剂，黄板上诱满蚜虫后要及时处理或更换。

（3）烟剂熏杀　蚜虫较多时，在傍晚密闭棚室后用暗火点燃烟剂进行熏杀，密闭1夜，次日通风后再进棚室。常用的有效烟熏剂有：10%灭蚜烟雾剂每667平方米0.5千克，或20%敌敌畏烟雾剂每667平方米0.5千克，或10%氰戊菊酯烟雾剂每667平方米0.5千克等。每667平方米棚室均匀设置5～7个放烟点为宜。

(4)喷药防治　从蚜虫数量开始迅速增加时开始喷药，7天左右1次，每期需连续喷药2～3次。喷药时应注意喷布叶片背面，将药液尽可能喷到虫体上。若在药液中加入助杀1 000倍液等农药助剂，可显著提高杀虫效果。对蚜虫杀灭效果好的药剂有：10%吡虫啉可湿性粉剂3 000～4 000倍液，或5%定击乳油4 000～5 000倍液，或3%啶虫脒乳油2 500～3 000倍液，或25%扑虱灵可湿性粉剂2 000～2 500倍液，或20%氰戊菊酯乳油2 000～3 000倍液，或20%灭扫利乳油2 000～2 500倍液，或2.5%鱼藤酮乳油400～500倍液，或0.5%藜芦碱醇溶液400～500倍液，或0.3%苦参碱水剂150～200倍液等。

（三）美洲斑潜蝇

1. 为害特点及诊断　美洲斑潜蝇（彩页4）主要以幼虫潜食叶肉，在叶片上下表皮之间潜食成弯弯曲曲的隧道，隧道相互交叉，逐渐连成一片（彩页4）。受害部位表皮呈灰白色，使叶片光合作用能力锐减，提早衰老、脱落或枯死。

2. 发生习性　美洲斑潜蝇在棚室内有两个为害高峰，即10～11月和3～5月，以3～5月为害最重。成虫具有趋黄性，蛹可以在土壤中短期存活。

3. 防治技术

(1)消灭虫源　扣棚前彻底清除棚室内部及周围的杂草、残株、败叶等虫害残体，并集中烧毁或深埋，以减少虫源。整地时深翻土壤，将虫蛹埋于深处。为害严重地块，土壤用药杀灭虫蛹，有效药剂如5%毒死蜱颗粒剂每667平方米1～1.5千克，或3%辛硫磷颗粒剂每667平方米1.5～2千克等。

(2)诱杀成虫　使用灭蝇纸或黄色粘板诱杀成虫，每667平方米设置15～20个诱杀点，每点放置1张诱蝇纸或黄板。注意检查更换。

(3)喷药防治　从美洲斑潜蝇零星发生期开始喷药，每7～10天1次，一般连喷2～4次即可有效控制该虫的危害。常用有效药剂有：1.8%阿维菌素乳油3 000～4 000倍液，或1%阿维菌素乳油1 500～2 000倍液，或48%乐斯本乳油1 200～1 500倍液，或40.7%毒死蜱乳油1 000～1 200倍液，或5%卡死克可分散液剂1 500～2 000倍液，或5%抑太保乳油1 500～2 000倍液，或5%锐劲特悬浮剂1 000～1 500倍液，或52.25%农地乐乳油1 500～2 000倍液等。喷药时若在药液中加入0.1%农药助剂如助杀、助杀王等，可显著提高杀虫效果，减少用药次数。

(四)茶黄螨

1. 为害特点及诊断　茶黄螨以成螨和幼螨集中在番茄嫩叶、嫩梢及果实上刺吸为害。嫩叶受害，叶片背卷、增厚、狭长，呈绿褐色，有光泽或油浸状，有时扭曲，质脆。嫩梢受害，停止生长，受害表现与叶片相似，有时表面产生黄褐色木栓化组织。果实受害，果面产生黄褐色至褐色木栓化组织，表面有小裂纹或果实开裂(封3)。

2. 发生习性　茶黄螨一年发生多代，在棚室内可全年发生为害。通过风力和人为携带可以远距离传播，近距离传播主要为爬行扩散。该螨繁殖力极强，生活周期较短，一个世代一般需要4～10天。其主要为害幼嫩组织，有很强的趋嫩性。温暖高湿的环境有利于茶黄螨的发生。

3. 防治技术

(1)农业防治　扣棚前彻底清除带有茶黄螨的各种植株残体，集中烧毁。发现受害植株时，及时将带螨部位剪除，并带出棚室外。合理通风降湿，创造不利于茶黄螨发生为害的环境条件。

(2)及时用药剂防治　从发现茶黄螨为害初期开始喷药防治，7 天左右 1 次，连喷 2～3 次即可完全控制其为害。常用有效药剂有：1.8%阿维菌素乳油 3 000～4 000 倍液，或 5%噻螨酮乳油 1 500～2 000 倍液，或 20%双甲脒乳油 1 500～2 000 倍液，或 15%哒螨灵乳油 1 500～2 000 倍液，或 20%螨死净悬浮剂 1 500～2 000 倍液，或 73%克螨特乳油 2 000～3 000 倍液，或 20%灭扫利乳油 1 500～2 000 倍液等。

思考题

1. 如何根据你的棚室番茄所发生的具体病虫害种类，制定综合防治技术措施？

2. 番茄生理病害与一般番茄病害有何不同？

3. 番茄脐腐病发生原因和预防方法有哪些？

4. 番茄空洞果发生原因和预防方法有哪些？

5. 番茄生理性卷叶发生原因和预防方法有哪些？

附录 有机肥料无害化卫生标准

附表 1 有机肥料无害化卫生标准

项 目		卫生标准及要求
高温堆肥	堆肥温度	最高堆温达 50℃～55℃，持续 5～7 天
	蛔虫卵死亡率	95%～100%
	粪大肠菌值	10^{-1}～10^{-2}
	苍 蝇	有效地控制苍蝇滋生，肥堆周围没有活蛆、蛹和新羽化的成蝇
沼气发酵肥	密封贮存期	30 天以上
	高温沼气发酵温度	53℃±2℃持续 2 天
	寄生虫卵沉降率	95%以上
	血吸虫卵和钩虫卵	在使用粪液中不得检出活的血吸虫卵和钩虫卵
	粪大肠菌值	普通沼气发酵 10^{-4}，高温沼气发酵 10^{-1}～10^{-2}
	蚊子、苍蝇	有效地控制蚊蝇滋生，粪液中无孑孓。池的周围无活的蛆、蛹和新羽化的成蝇
	沼气池残渣	经无害化处理后方可用作农肥